新型地产操作图文全解丛书

中国房产信息集团
克而瑞(中国)信息技术有限公司 编著

型地产解读

实战案例阐析

老年公寓操作图文全解

致美图展示

操盘图表解构

随着老年人的养老观念日趋国际化及其支付能力的不断加强，
老年公寓的市场需求正日渐形成。
发展老年公寓，满足于老年型社会的新型养老需求，
对于一些正在发展转型、寻找利基市场的房地产企业而言，
是一个值得尝试与发展的新方向。

中国物資出版社

图书在版编目（CIP）数据

老年公寓操作图文全解/中国房产信息集团，克而瑞（中国）信息技术有限公司编著．—北京：中国物资出版社，2011.5

（新型地产操作图文全解丛书）

ISBN 978－7－5047－3692－5

Ⅰ.①老…　Ⅱ.①中…　②克…　Ⅲ.①老年人住宅—建筑设计　Ⅳ.①TU241.93

中国版本图书馆 CIP 数据核字（2010）第 256993 号

策划编辑　黄　华
责任编辑　范虹轶
责任印制　方朋远
责任校对　孙会香　杨小静

中国物资出版社出版发行
网址：http：//www.clph.cn
社址：北京市西城区月坛北街 25 号
电话：（010）68589540　邮编：100834
全国新华书店经销
中国农业出版社印刷厂印刷

开本：787mm×1092mm　1/16　印张：13.75　字数：312 千字
2011 年 5 月第 1 版　2011 年 5 月第 1 次印刷
书号：ISBN 978－7－5047－3692－5/TU·0038
印数：0001—4000 册
定价：48.00 元

编 委 会

人口老龄化的全球性趋势极大地催生了
老年公寓这一特殊的房地产产品类型。
可以相信，随着我国老龄化的进一步发展，
老年公寓将会越来越普遍。
房地产开发运营商也将长期地享受
老年公寓所带来的持续现金流入。

老年公寓的发展基础及价值

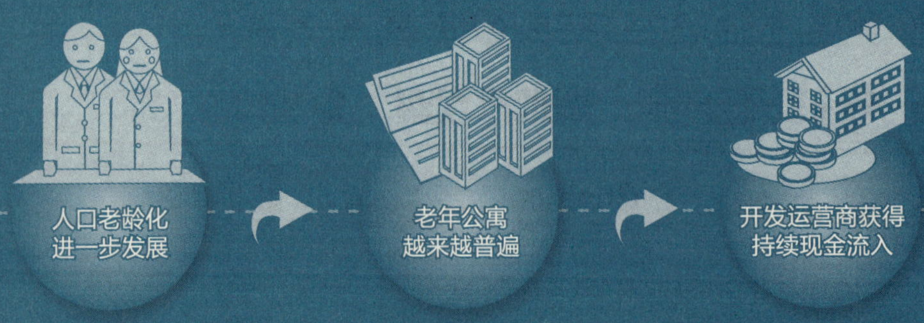

我国模式

由于国情的不同，我国的老年公寓开发模式和国外的相比有很大的不同。我国的老年公寓开发有很强的政府色彩，而且在不同的地区也有非常明显的特色，形成了如上海模式、温州模式和广州模式的地方特色的开发模式。

国外模式

尽管我国的国情与国外有很大不同，但是，国外一些先进的老年公寓开发模式还是值得我们学习借鉴的。比如，日本开发的一种可以让老年人和家人一起居住的“两代居”的创新老年公寓模式。

公寓选址

老年公寓的开发有其特殊性。老年人一般都偏爱安静，因此，通常在进行老年公寓项目选址时，都应当选择那些既生活便利，又环境安静的地方。靠近市区的交通生活都很便利的一些城郊结合部就比较理想。

老年公寓

开发6大关键词

老年公寓的开发从国内外的模式、项目选址、规划、配套和设计等方面都体现出与普通住宅的不同之处，这些不同之处构成了老年公寓开发最重要的亮点。

公寓规划

因为老年人生活习惯的特殊性，因此，老年社区要有针对性地为老年人的不便进行一些特殊的规划，从社区规划、绿化景观和交通布局等方面为老年人考虑，达到方便他们生活的目的。

公寓配套

老年公寓要有完备的配套设施和服务，如医院、健身娱乐、文化教育、图书资料、购物中心、银行、邮局、交流活动、家政服务等，特别是老年社区内要配备正规定点医院。

公寓设计

在老年公寓的设计过程中，设计师会根据老年人对设施的多样化要求提供现代化的配套设施，满足老年人日常生活和个人护理的需要，在某种意义上，生活环境的设计非常重要，应该与设计方案融为一体。

老年公寓在我国的特殊国情下呈现了
多种不同的运营模式，
比较有特色的是上海模式、
温州模式和广州模式。
可以预见，老年公寓在走向标准化现代
管理运营的同时，将充分体现地域性特征。

序　言

关于地产创新不仅仅是序言……

我知道你没时间看完这篇序言，所以先讲讲我要说什么：

1. 大家说来说去的“创新”，其三层古典含义是什么？
2. 那些商界传奇们是如何因创新空气稀薄窒息而毁掉的？
3. 为什么说“创新”不是锦上添花，而是一次生死之旅？
4. 对地产商而言，有哪些“创新”的可操作路径？

1 古典含义

百度百科说：创新是以新思维、新发明和新描述为特征的一种概念化过程。“创新”一词起源于拉丁语，它原意有三层含义：第一，更新；第二，创造新的东西；第三，改变。

创新是最被滥用的名词，即使奥巴马竞选总统，主打概念也无非是“创新之古典含义”的第三个层面。

如果大家都创新，创新还有什么意义呢？创新因此而被误读，大家都指望创新是大麻，抽一口便灵感四溢、精力无穷，其实创新是空气，无色无味，无处不在。

创新，尽在呼吸之间。

2 成功致死

为什么那些因成功而崛起的大企业最终又会倒下呢？难道创新不是像骑自行车那样的技能，一旦学会终生享用吗？《创新者的窘境》所阐述的研究证明：良好的管理正是导致以管理卓越著称的企业未能保持其行业领先地位的最主要原因。准确地说，因为这些企业倾听了消费者的意见、积极投资了新技术的研发，以期向消费者提供更多、更好的产品；因为它们认真研究了市场趋势，并将投资资本系统地分配给了能够带来最佳收益率的创新领域，因此它们都丧失了其市场领先地位。

创新是呼吸，但不是平常的呼吸，而是马拉松参赛选手似的呼吸，不仅要求耐力和勇气，更需要节奏和战略。

3 生死之旅

创新无法离开产业语境。关于房地产创新，我想说的是：

1. 未来行业生存者只有四种：龙头企业、区域地头蛇、细分创新领域的引领者和投机者。如果你非龙非蛇，又不投机，就该瞄准一个有足够发展空间的创新切入点；

2. 即使是“龙蛇企业”，也要牢记房地产业早晚将“传统”起来，也要面对所有企业的生死逻辑。

所以，中国房地产商所要面临的这一轮创新，是决定未来存亡的战略抉择。不作为，一定死。

赛程刚刚开始。

4 操作路径

第2步：梳理自身的专业与资源，发现适合自己的细分创新领域；

第3步：构建企业在该细分领域的比较竞争优势，进而形成核心竞争力；

第4步：储备关联的新增长点，不让自己因创新的制度化而被束缚。

第1步呢？

当然，是购买、并阅读本书。

目录 CONTENTS

老年公寓操作图文全解

第一章 老年公寓市场分析

第二章 老年公寓开发模式及实战要领

第三章 重点城市老年公寓市场特征

第四章 国内外老年住宅案例借鉴

第五章 老年公寓开发运营必备实战工具

第一章

01

客户群体数量庞大：
基数大、占比大、增长快、消费水平提升

市场欠缺之处多：
布局不合理、服务不够周全、供求不平衡、政策支持仍不够

趋势特征明显：
注重以人为本、注重产品细分、注重山水型环境

老年公寓市场分析

老龄化社会的到来不可避免，老年人这一庞大的群体日益得到政府和各界人士的关注，如何让“老者不再忧其屋”，让更多的老年人安享晚年是未来需要解决的问题。老年公寓的出现无疑为解决老年人养老问题提供了一种很好的解决办法。老年公寓市场具有巨大发展空间。

联合国教科文组织规定，一个国家或一个地区的60岁以上的人口占该国家或地区人口总数的10%或以上，一个国家或一个地区的65岁以上的人口占该国家或地区人口总数的7%或以上，那么，该国家或地区就进入了老龄化社会。

在我国，由于主要还是实行家庭养老，老年人多数和家庭其他成员住在一起，往往难以满足老年人对住的特殊需求，有条件单独居住的老人，其住房条件也不理想。

据天津、杭州的有关调查，有98%的老年人住在多层或集体住宅之中，单身老人和老年夫妇住在多层或集体住宅中的比例也高达81%。但是随着家庭养老功能的弱化和社会化养老的发展，以及老年人收入的增加，老年人对老年住宅的需求将会上升。

这部分老年群体中有许多人事业有成，退休金和储蓄存款比60岁以上老年人有很大的提高，在消费观念上也有很大的差异。这一群体是最早一批独生子女的父母，子女少的状况也会使他们更多地依赖于社区服务和选择不同于现在的养老方式。现在所谓的老年人“高档消费”，在10年之后将变成普通消费。老年公寓总体需求正呈现上升态势。

老年公寓是一种新生事物，让人们在短时间内接受和认同还需要一定的时间，但是我们相信时间不会太久，且人们不能拒绝这种趋势，因为谁都无法拒绝老去！

市场客户群体分析：老龄人口数量庞大

人口老龄化是社会经济发展和科学技术进步的必然。据官方统计，预计2050年，世界60岁以上的老年人口将达到20亿人，同时也将第一次超过全世界儿童（0～14岁）的人口数。

价值点1	价值点2	价值点3
全球进入老龄化社会	老龄人口有不断增长的趋势	中国老龄人口已经很突出

1．世界人口老龄化是必然趋势

早在1965年，法国就成为世界上第一个老年型国家，之后是瑞典。20世纪后期，欧美一些发达国家也相继步入此行列。世界上一半多的老年人生活在亚洲（占54%），其次是欧洲（占22%）。

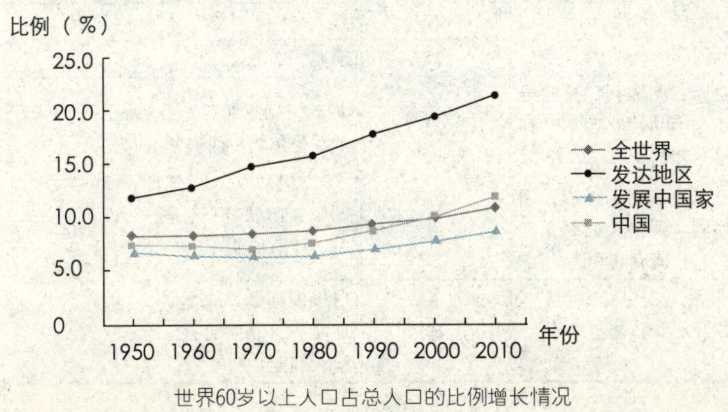

世界60岁以上人口占总人口的比例增长情况

根据联合国专题项目的研究估算，以后老年人的比例还将继续增加。

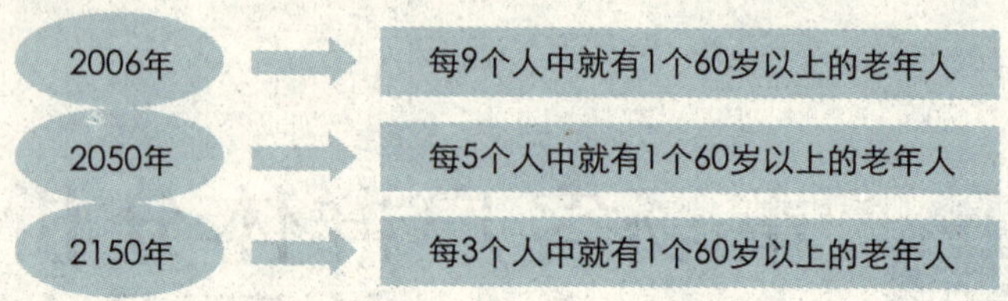

对特定人口数量中老年人的数量的预测

日本神户Charming Square老年公寓位于三井Outlet Park Marine Pia神户西侧，该公寓形式如同酒店式公寓与疗养院的结合体，娱乐休闲、洗浴、健身、医疗中心等一应俱全，同时还配有班车、前台服务等配套。公寓一面临海，海景视角广阔，软硬件设施齐全，受到当地中老年人的欢迎。

老年人口本身也在老化。2006年，80岁以上的老年人已经占到老年人总数的13%，到2050年，这一数字将增加到20%。百岁以上老人也将从2006年的28.7万人增加到2050年的370万人，出现多达13倍的增幅。

由于女性的预期寿命大于男性，所以60岁以上的老年人的男女性别比例是82：100，80岁以上人群中这一比例更是只有55：100。

独居老年人占老年人总数的14%。其中，独居的女性老人比例为19%，明显高于男性的8%。

发达国家独居老年人比例为24%，明显高于发展中国家的7%。

2006年世界已经进入老龄化社会的国家和地区数据

国家和地区	60岁以上人口占总人口比例（%）	国家和地区	60岁以上人口占总人口比例（%）
日本	27	意大利	26
德国	25	瑞典	24
希腊、奥地利、拉脱维亚、保加利亚、比利时、葡萄牙	23	瑞士、克罗地亚、芬兰、爱尔兰、西班牙	22
丹麦、法国、英国、匈牙利、斯洛文尼亚、立陶宛、捷克共和国	21	挪威、海峡群岛、荷兰、波斯尼亚	20
罗马尼亚、塞尔维亚	19	白俄罗斯、卢森堡、加拿大、格鲁吉亚、澳大利亚	18

续　表

国家和地区	60岁以上人口占总人口比例（%）	国家和地区	60岁以上人口占总人口比例（%）
乌拉圭、美属维尔京群岛、波多黎各、马提尼克岛、塞浦路斯、波兰、新西兰、俄罗斯、美国	17	斯洛伐克、冰岛、中国香港、马其顿、古巴	16
爱尔兰	15	亚美尼亚、荷属安的列斯、韩国、瓜德罗普岛、阿根廷、摩尔多瓦共和国	14
以色列、巴巴多斯、新加坡	13	阿尔巴尼亚、智利	12
朝鲜、中国、哈萨克斯坦、特立尼达和多巴哥、中国澳门、斯里兰卡、泰国	11	黎巴嫩、牙买加、留尼汪岛、毛里求斯、圣卢西亚、巴哈马	10

世界老龄化程度最深的国家是日本，达到了27%。其次是意大利和德国，分别为26%和25%，且这3个国家均为发达国家。

要点提示

随着我国人口的老龄化，人们生活水平的提高和社会保障制度的完善，老年住宅的需求日益广阔，发展潜力巨大。开发老年住宅成为房地产业的『蓝海』。

2．中国已经成为老年人口最多的国家

2000—2009年，中国已走过了老龄化社会的10个年头。根据民政部的统计数据显示，我国已经成为世界上老年人口最多的国家。截至2009年年底，全国老年人口有1.62亿人，占总人口的12.79%。预计到2025年，老年人将占全国总人口的19.34%；到2040年，老年人将占全国总人口的27.8%；到2050年，中国将进入重度老龄化阶段，那时老年人口将达到4.37亿人，约占总人口30%以上，接近每3个人中将有1个是老人。现在，我国80岁以上高龄人口已经达到1806万人，并且还在以每年5%的速度迅速递增，未来，中国老年人数量、比重都将是世界第一。

中国国情与西欧有很大的差别，要想养老事业持续、健康发展，还需要结合我国现状走出一条具有中国特色的养老路子。

在我国经济发达的一些大城市，老年公寓正快速发展并且日益完善。老年公寓已不是传统意义上专门为老人提供的养老场所，而是集休闲、居住、娱乐、服务于一体的多功能场所。

老人交的费用不同，享受的服务也会大大不同。像那些拥有高收入且子女在外地、收入稳定的退休老人，大多会选择高档的老年公寓。

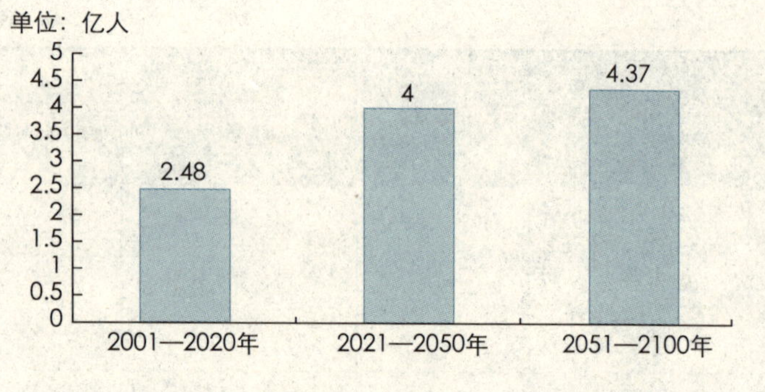

我国老年人口数量预测

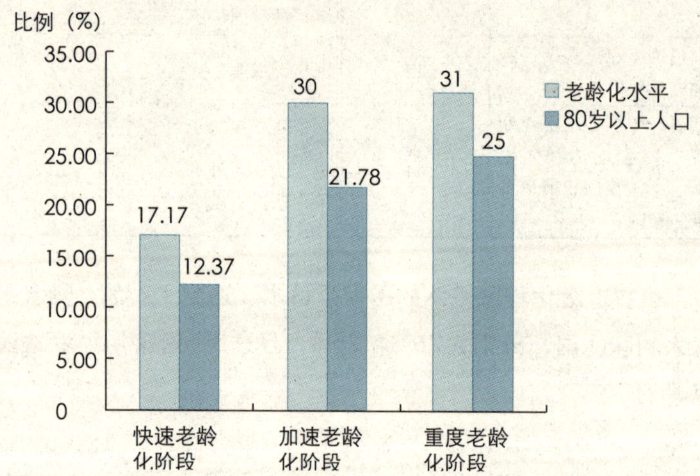

我国老龄化3个阶段的水平及80岁以上人口所占比例

美国太阳城老年公寓第一个样板房

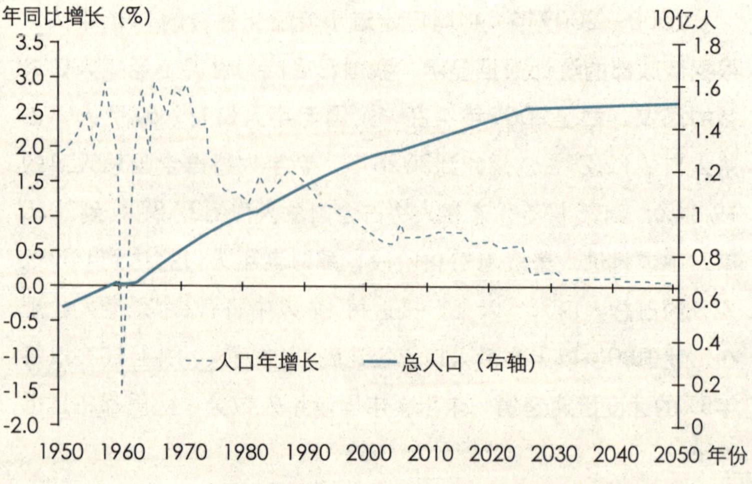

高盛对中国总人口水平与年增长的预测

人口老龄化这一最开始主要涉及发达国家的问题，如今在发展中国家也越来越突出。人口老龄化的加剧将会深深影响所有个人、家庭、社区及国家。

人类社会老龄化趋势已相当显著，未来二三十年的全球市场将有1/3的目标群是面向老年人群体的，“老年人市场”正在逐步形成和完善中。

由上述分析可知，养老将成为每一个人需要面对的严峻问题。随着经济的发展和生活支出的提高，传统的社会保障体系已经远远不能满足人们对退休以后生活品质的要求，社会养老金在庞大的养老费用面前显得杯水车薪。为解决这个问题，需要寻找另外一个途径，入住老年公寓就为老年人提供了一种新的选择。

我国第一个老年公寓于1986年6月诞生于安徽省安庆市，是由社会集资兴办并向全国开放的民营福利企业。

北京市第一个老年公寓是1991年由清华园兰照院改造而成的。

1990年上海首家老年公寓在浦东落成，江泽民总书记为之题词：“浦江夕阳诗如画，秋色黄花送晚情。”

市场潜力分析：发展空间巨大

市场营销学中的市场三要素理论认为市场由3个要素组成：人口、购买力和购买意向。只有当这3个要素同时具备时，市场才是显性的、充满活力的；如果哪个要素欠缺，则表现为隐性的、受限制的市场。

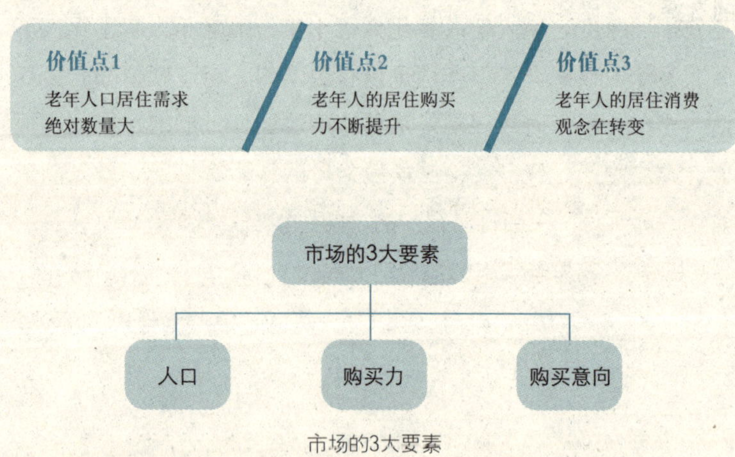

市场的3大要素

1．老年公寓有众多的人口支撑

先来看人口要素。所谓人口是指在某个市场上消费者的数量。这是形成一个产品市场最基本的要素。一个市场如果人口有限，那不管该市场的顾客多有钱、多有购买欲望，有限的顾客量会导致其很快饱和，这个市场终究是受制约的、难以形成规模的。但老年公寓市场的发展不存在这个问题。

2000年，我国就已正式宣布进入老龄化状态。我国是目前世界上老年人口最多、增长最快的国家，截至2008年年底，我国60岁及以上老年人口已达1.5989亿人，占全国总人口的

12%，每年还将以3.2%的速度增长。并且我国老龄化人口高龄化现象明显，我国80岁及以上高龄老年人每年以5.4%左右的速度增长。高龄老人已从1990年的800万人增加到2000年的1100万人，到2010年达到1700万人，是老年人口中增长最快的年龄组。我国老年人口规模之大、老龄化速度之快、高龄人口之多，都是世界人口发展史上前所未有的。

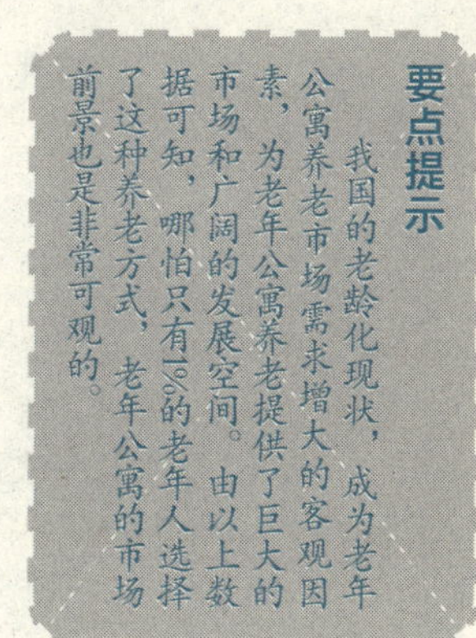
要点提示

我国的老龄化现状，成为老年公寓养老市场需求增大的客观因素，为老年公寓养老提供了巨大的市场和广阔的发展空间。由以上数据可知，哪怕只有1%的老年人选择了这种养老方式，老年公寓的市场前景也是非常可观的。

2．老年消费者对老年公寓的购买力不断提高

所谓购买力，即消费者的购买能力，与消费者的收入直接相关。收入高，则购买力强，对产品价格不太敏感，市场相对大；反之，收入低，则小。购买力是形成市场的重要因素。现在我们国家的老年人与20世纪六七十年代的老年人有了很大不同。那个时候的老人很多都是没有工作的，老了就要靠儿女养活，再加上那个时候我国经济整体不发达，人们的平均收入很低，家中小孩子又多，能够孝敬父母的钱不会太多。所以那个时代的老年人手中的钱是很少的，购买力肯定很弱。

现在，我国老年人的情况已大有改观。

（1）老年人收入的提高为其购买力的提升提供了条件

据中国老龄科学研究中心调查，我国城市老年人中有42.8%拥有存款，仅退休金一项，到2010年就增加到8383亿元，到2020年将为28145亿元，2030年将为73219亿元。此外，在城市60～65岁老年人口中，大约45%会选择继续就业，除有退休金之外还将会有额外收入，按此预测，到2050年将会有73200亿元消费储备金。因此，对老年消费群体购买力不应小觑。

老年人们在公寓社区里健身

（2）老年人福利水平提高为老年公寓养老消费解除后顾之忧

近年来，我国加快了社会养老保险制度改革的步伐，将建

立起一套适合城乡各类企业职工和个体劳动者的、资金来源多渠道的、保障方式多层次的养老保险体系。这将使有稳定养老金收入的老年人口，从国有企事业单位扩展到各种所有制形式的企业，从城市扩展到农村，从而大大提高我国老年人口的总体购买力水平。老年人在解除了医疗、养老等后顾之忧后，老年人手中的积蓄就可释放出来，寻求更优质的生活环境，为老年公寓养老事业的壮大提供了有力保障。

（3）子女为父母入住老年公寓提供资金支持

子女以改善父母居住状况为目的而购买或租用老年公寓，成为老年公寓消费的主力。当前大多数年轻人难以抽出时间周全地照顾老人，因此他们就迫切希望有专门为老年人设计的住宅产品，硬软件服务都能满足老年人的行为与心理需求。年轻一辈为父母的健康长寿考虑，购置环境优美、空气清新的老年公寓以改善父母的居住环境，是子女购买老年公寓的主要诱因。

老年人状况

- 现在许多老人都是从工作岗位上退休下来的，手中有维持基本生存的养老金
- 我国的社会保障体系日渐完善，社会医疗保险解除了很多老年人的后顾之忧
- 随着经济高速发展，人民收入普遍增加，做儿女的也就有更多的钱去孝敬父母
- 老人们一向勤俭持家，所以可以肯定大多数老年人手中都攒着一些养老钱

老年人的状况

据中国老龄人协会估计，中国老年人消费约每年3000亿元，而且随着老年人消费观念的逐步转变，其消费数额还将得到进一步增长。如果他们愿意选择这种养老方式，将是相当具有购买能力的。

3．购房者对老年公寓的购买意向逐渐增强

所谓购买意向，是指消费者购买商品的动机、愿望和需求。在人口和购买力两个要素都具备以后，它就是把潜在购买能力变为现实购买行为的重要条件。现在的老年公寓暂时发展缓慢，除了硬件设计、融资条件、政策环境等因素，还有一个很重要的观念动因，就是很多老人对进老年公寓心有顾虑，不愿意去。这些老人从旧社会走过来，文化程度普遍不高，受几千年封建思想影响，脑袋里根深蒂固地存在着“养儿防老”的观念。在他们的认识中，老年公寓就是以前的养老院，养老院是给那些无儿无女的孤寡老人们住的。自己有儿有女，如果也去那种地方，肯定是儿女不孝，是要被别人笑话的。这种传统的观念导致了许多老年顾客没有购买意向，限制了该市场的发展。但这种情况正逐渐有所改善。媒体的广泛宣传使得这些老观念渐渐开始动摇。

美国太阳城的双拼式老年公寓

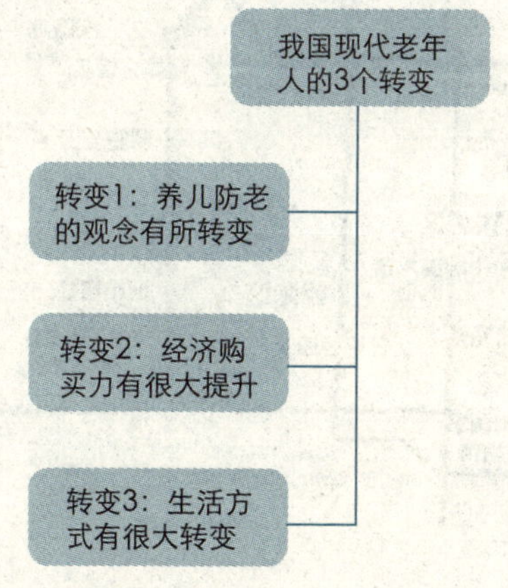

我国现代老年人的3个转变

养老观念的转变促生老年公寓养老需求。我国老年人对于养老问题的传统观念正在发生改变，老人们正从现实和精神上逐步接受社会养老。据中国老龄科研中心调查，2002年北京市50岁以上的常住人口中，希望现在住进老年公寓和将来愿意入住的分别为10.4万人和30.8万人。在上海，根据同济大学建筑城规学院预计，截至2010年上海的老年公寓入住人数达到7.25

万人，需要老年公寓3.62万套，总建筑面积将近200万平方米，其中市区的需求总量在150万平方米以上。文化程度较高，中级以上职称，月收入中等或以上，身体健康，生活能自理的老年人，老年公寓成为首选。他们中的大多数人将老年公寓视为颐养天年的理想之所。

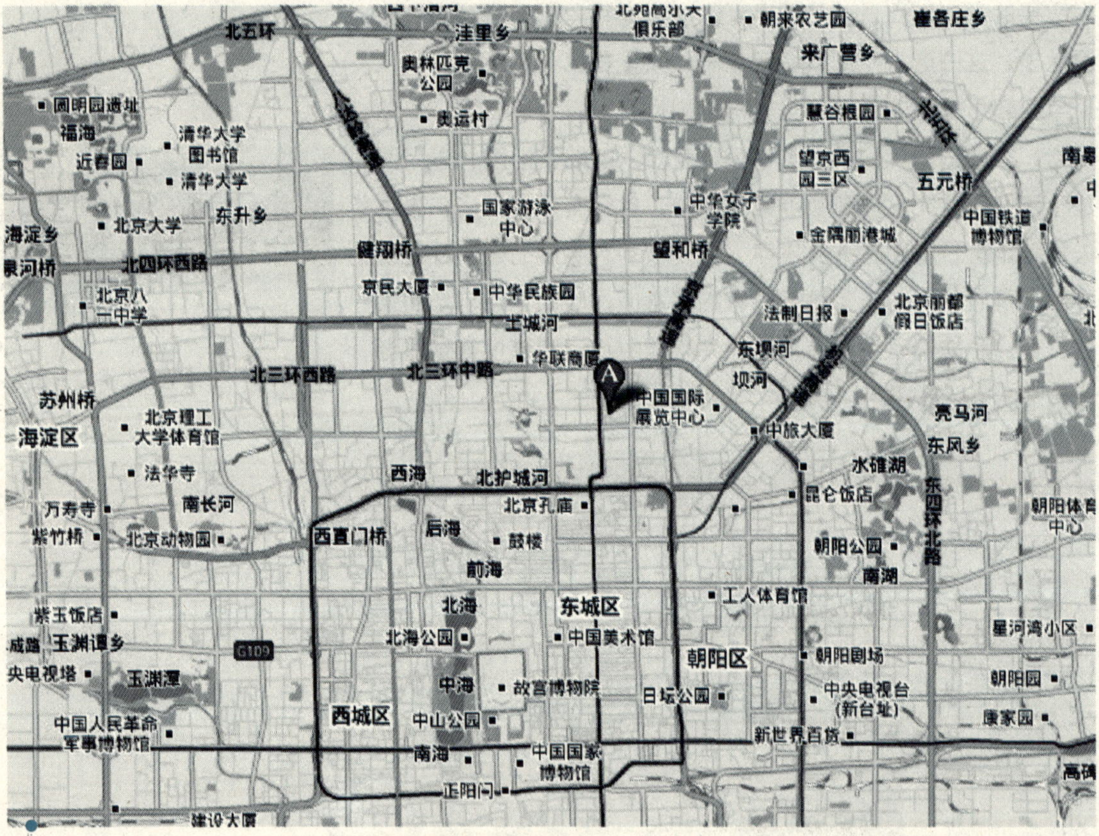

中国老龄科研中心位于北京市东城区和平里七区，是中国老年人口、老龄化状况及有关老龄问题的信息收集、研究和传播机构。该中心隶属于民政部、全国老龄工作委员会办公室

广大的独生子女的父母们，可能早就对自己的将来做好了打算——老了就去敬老院。

这些父母们一般不会去指望“养儿防老”，他们的自立意识较强，所以在年轻力壮挣钱养家的同时，也悄悄地攒好了养老钱，保证将来自己老有所养，不拖累孩子。

我国老年市场的7种趋势表现
- 有众多的人口支撑
- 购买力不断增强
- 购买意识不断增强
- 渐渐向集中养老转移
- “421家庭”推动老年住宅发展
- 老年住宅开发得到政府支持
- 老年住宅在京沪等地受宠

我国老年市场的7种趋势表现

另外还有一个不能回避的问题，就是国家计划生育政策规定：独生子女夫妇可以生育两个小孩，也就是说以后的独生子女夫妇将面临有两个小孩、4～8位老人的局面。社会竞争越来越激烈，职场压力不断增大，如果今天的父母们还把养老的希望寄托在儿女们身上可能是不太现实的。随着中国第一代独生子女进入婚育期，他们的父母逐渐进入老年，老年公寓将迎来越来越多的顾客。

消费观念的改变促进购买行为。随着老年人养老观念的转变，老年人的住宅消费观念也随之发生变化，从基本的住宅消费逐步发展到提高住宅消费品质上来。越来越多的老年人认识到购买老年公寓是一种投资，既可保值升值又可作为不动产留给后代，他们越来越愿意投资老年公寓。

据实地调研分析显示，在中高收入老年人期望的入住方式中，希望购买房屋产权的占调查总数的51%，打算租赁房屋使用权的占24%，希望购买产权式酒店的占16%，打算采取其他形式的占9%。

据以上分析可知，我国老年公寓市场的人口、购买力和购买意向 3 个要素都已具备良好条件，可以预测老年公寓养老会有良好的市场潜力。有理由相信，随着各方面条件的不断完善，在不久的将来，越来越多的老年人能在老年公寓里老有所养、老有所乐。

要点提示

国内租赁市场上的房源较为零散，适合老年人居住的房源就更少。这也表明通过租赁方式解决老年人居住问题的市场还不成熟，而产权式酒店购买受众面也比较小。这也意味着为老年人量身定做的老年社区市场前景看好。由此可见，『老年公寓』是一个潜力很大、亟待开发的市场。

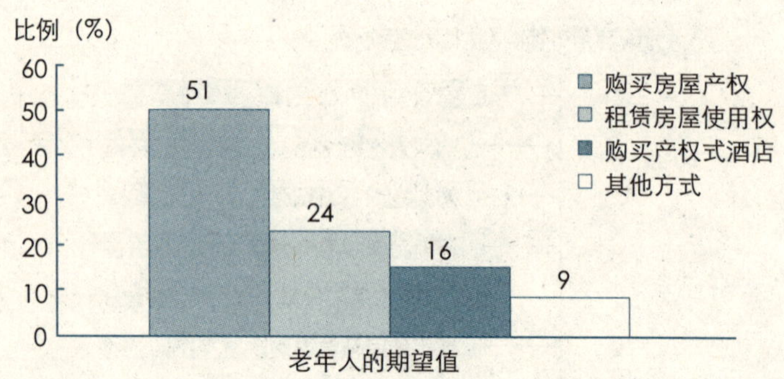

中高收入老年人期望的入住方式

4．老年人养老逐步向集中养老转移

受传统观念的影响（他们认为那些所谓的养老院是那些没儿、没女的孤寡老人的安身之地），国内老年人养老讲究“三代同堂”，老死不离儿孙。但随着近年居民生活水平的提高和居住观念的改变；核心家庭趋于普及，传统家庭逐渐减少，一方面下一代与老一代分居现象不断增加，另一方面家庭结构演变又表现为老少两代在居住上“分而不离，离而不远”的特点，因此老年人不堪忍受“空巢”的孤单寂寞之苦，从过去不肯去养老院到开始向往养老院生活，养老观念和居住观念正在发生根本性变化。

5．“421家庭”催生老年住宅的产生和发展

自我国20世纪70年代中期实行计划生育基本国策以来，“三口之家”现已成为社会的主力家庭结构。许多独生子女成家之后，所面临的是每对中青年夫妇在巨大的工作压力和残酷的生存发展竞争条件下要照料4个老人和1个孩子，时间和精力严重不足。这种家庭结构显示出家庭赡养老人能力的减弱，那么，更艰巨、更繁重的养老任务将由社会承担。另外，随着“空巢”家庭的增多，将会有越来越多的老人没有子女照料，因此修建完善的社会服务网络，建立集服务、医疗和居住为一体的老年公寓是一个不可回避的问题，也是极好的选择。

我国老人居住特点现在仍以“家庭养老”为主导地位，但

随着老龄化发展趋势和时代的进步，“社会养老”将成为未来养老的发展趋势。据调查推算，经济水平属于中上等的60岁以上的老人中有40%的老人愿住老年公寓。上海市进行了一次关于老年人对养老方式的网上调查，结果是家庭养老由88%下降至36%，社会养老由12%上升至64%，其中选择老年公寓的为25%。不少精明的开发商同时还打出了“买公寓，尽孝心”的销售招牌。再加之老年人多愁善感及现实生活中的“代沟”，由此引起了一系列没完没了的家庭烦恼及社会问题，老年公寓呼声高涨，呼之欲出。

6. 国家鼓励开发商进行老年人住宅开发

面对我国进入老年化社会，老年人生活问题已越来越为社会所关注。

（1）中央高度重视

国家民政部及地方各级民政部门从社会各方面宣传全面关心和帮助老人，尤其是老年人养老与生活方面，并鼓励开发商从事老年人住宅的开发。例如，河南等地方政府采用养老服务机构建设用地可划拨；多项税费可减免；贷款条件放宽、利率优惠等政策鼓励开发商开发老年住宅。

党和国家高度重视老年人工作，以胡锦涛为总书记的党中央，把加强老龄工作、发展老龄福利事业，作为科学发展观，建设和谐社会重要发展目标之一。党的十七大报告中3处提到养老保障问题，将老年人的“病有所医、老有所养”“养老保障”“老龄工作”等突出地提了出来，足见党和国家的重视程度。胡总书记在2008年元旦前夕到天津市养老院看望老年人时说：“尊重老年人、关爱老年人、照顾老年人是中华民族的优良传统，也是一个国家进步文明的标志。我们要大力弘扬中华民族尊老、敬老的传统美德，给予老年人更多生活上的帮助和精神上的安慰，让所有老年人都能安享幸福的晚年。”

发展老龄产业，政府不可缺位。人口老龄化已成为国际社会以及学术界普遍关注的问题，它一方面给社会发展带来压力，另一方面给经济增长带来契机。这也成为政府部门及社会各界关注的焦点。

规模化养老机构从生活照料、健康护理、医疗疗养、文化娱乐和精神慰藉等方面，实行全方位的系统服务体系，使老年人老有所养、老有所医、生活愉快、精神健康，从而使关爱老年人的事业形成规模化、产业化、人性化、现代化。这也是党中央所倡导的构建社会主义和谐社会的一个重要组成部分，符合我国经济社会发展的大趋势，这对于教育下一代尊老爱幼、奉献爱心、建设社会主义精神文明和物质文明都是十分必要的。

（2）各级地方政府均积极探索创新多元化的养老模式

为满足老龄人口的需求，各级政府和社会正在积极探索创新多元化的养老模式。2009年起，北京市政府决定给予建设期间的普通型和护养型养老机构每张床位8000～16000元的补贴，给予“公办民营”模式运营下的养老服务机构每位100～200元补贴。而就在此之前，毗邻京城的天津也已决定对个人兴办的养老机构给予2万～5万元小额担保贷款。

2009年6月在上海举行的中国养老产业论坛上，中国养老产业联盟正式启动，与此同时，中国老龄产业协会也宣告成立，这使得中国老龄产业的发展更加如虎添翼。

7. 老年住宅在京、沪等地备受热宠

面对老年人口从1.32亿人到1.68亿人增长的现状，中国未来还有可能通过财政补贴、减免税收、购买服务甚至养老专项按揭贷款等手段加快解决老龄化问题。

最早的老年公寓就出现在北京和上海。20世纪90年代初，在当时的上海商品房积压量高达上千万平方米的情况下，中高档老年公寓一直供不应求，排队预订的场面时有发生。20世纪90年代中期，北京的一些机构在吸取上海老年公寓的成功经验后，结合本地区老年人生活习性建设老年公寓，取得了良好的经济效益和社会效益，而近年京、沪、浙等地推出的中高档老年公寓和度假型老年公寓均受到市场的青睐。西方国家进入老龄化社会的时间比我国早，他们也较早地着手解决老年住宅问题。然而，与西方比较起来，除了中国养老机构的先天不足外，老年人子孙同

堂的传统观念是阻碍老年公寓进一步发展的主因。

中国社会上有一种传统观念，到老年公寓去养老的人似乎是一些被儿女抛弃的，或者是没人赡养的“五保户”。老人怕人家误解，使儿女背上“不孝”的包袱。虽然一些退休工资较高的老人很想住进去，但旁人总以为儿女对他们不好才产生了这一想法。比如，有老人进了老年公寓，平时和他在一起晨练的老人遗憾地说：“作孽呀！”结果老人入住后一切都好，儿女却在背后被人指指点点。还有些老人疼孙子，早晨要送孙子上学，中午要管孙子吃饭，放心不下孙子，也就打消了这个念头。

一般来说，入住老年公寓的老人80岁左右的占多数，到了这个年龄，孙子也大了，不用自己操心了，做一日三餐也力不从心了，待在家里对儿女来说是负担。这个时候，他们想住老年公寓了。而这一年龄层的老人退休工资较低，要儿女资助才能入住。可是，中国老人勤俭节约的传统美德使他们觉得花儿女的钱是一种“罪孽”。可喜的是，北京、上海两地入住老年公寓的老人已逐渐摆脱了陈旧的观念，入住人数逐年上升。相信随着时间的推移，这种思想的转变会有益于未来老年产业的健康发展。

要点提示

西方国家的社会风俗，不主张父母与成年子女住在一起。子女年满18岁，就应该独立。英国甚至有法律规定，子女结婚后仍然与父母住在一起的，就是无家可归者，是『不合法』的行为。这就造成西方国家的老年人一般不会同子女住在一起，这间接促进了老年公寓产业的发展。

市场欠缺分析：老年公寓市场存在11大不足

老年公寓特别是独立的老年公寓住宅，在欧美国家发展较早，建设较多，也积累了不少的经验。而我国老年公寓住宅的发展，由于起步晚，从全国范围来看还存在不少问题和需要改进之处。

价值点1	价值点2	价值点3
供求不平衡只是表象，实质是利润空间未打开	政策的支持没有得到足够的落实	存在的诸多不足恰恰是市场的发展空间

从市场调查看，老年公寓潜在市场巨大，但有效需求不足，其开发建设需投入一定的市场培育工作，何时介入需开发商审时度势。

就近年的情况来看，由于老年公寓概念新，尚未达到社会的广泛认知和接受，特别是由于概念缺少界定，缺乏系统分类，社会上已产生误解，形成了诸如敬老院等同老年公寓，福利中心包括老年公寓等概念。因此，老年公寓亟须推出真正意义上的示范工程，纠正社会上已经出现的偏差。老年公寓的市场开拓需要一定时间和一定工作量的培育和激发，而其他类别的住宅没有此项要求。想介入此领域的开发商需精心策划取得政府有关部门及舆论界的大力支持。

1. 供求关系不平衡，满足不了实际需求

国外一些发达国家，进住老年公寓和养老机构的老年人约占

老年人总数的5%。以我国大连市为例，60岁以上的老人有71.1万人，占城市总人口的24.9%，若入住老年公寓和养老机构的老人占总人口的比重按3%的比例分析，70多万人的老年人中将有近2万人入住老年公寓和养老机构，而目前仅有7000多个床位，这远远不能满足随着人口老龄化发展对老年公寓的需求。

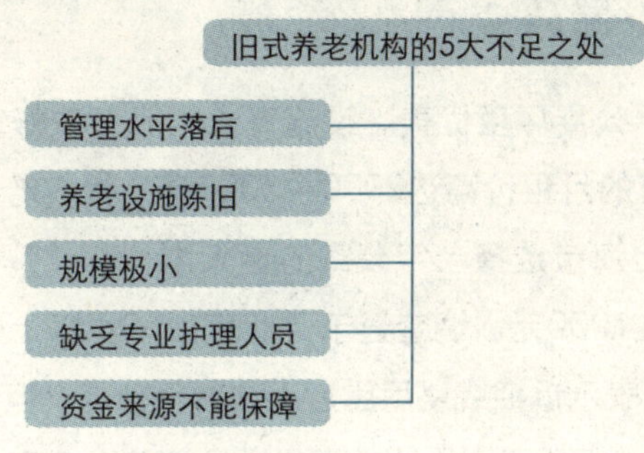

旧式养老机构的5大不足之处

国内的养老模式还不能适应形势的发展。大量靠政府、社区、街道办的福利院、敬老院等养老机构，管理水平落后、养老设施陈旧、规模极小，缺乏专业护理人员，且资金来源不能保障，只能供应老年人一些简单的生活需求。同时，在20世纪90年代末和21世纪初，中国还出现了一些以赢利为目的的老年公寓。从环境上看，老年公寓有了比较大的改观，功能与护理手段有了提高。但规模一般较小，且缺乏系统的针对老年人生活、心理、生理的保障体系。

要点提示

在一些老人服务机构中，好多名为老年公寓、养老院的场所，除少量为新建的以外、大多数是利用旧房改建的，设施简陋，服务功能单调，且可供活动的绿地较少，并不具备完善的建筑设施和服务条件，不能够全方位地为老年人提供良好的服务。有些更是只把老人当做病人看待，并不关心老人们情感或心理需要。

就中国而言，现有42000多所养老院，加上社会兴办的老年机构，现收养老人不足100万人，还不到目前中国1.3亿人老年人的1%。且不论条件如何，单从数量上也远远不能满足老人们的实际需要。从总体上讲，除少量为新建的以外，大多数是利用旧房改建的，设施简陋、服务功能较差，无法适应老年人日常生活的特殊需要。另外，可供老年人室外活动的绿地较少。

2. 选址布局不尽合理

很多老年公寓和养老机构的建设还没有列入各个城市的总体

规划，缺乏从中国老年人的特点和需求出发而制订的科学合理的建设规划。所以有的老年公寓虽然环境和物质条件都很好，但地点远离社会、远离亲友，交通不便；有的居住高层塔楼并密度较高，活动空间少等，这些都给老年人生活和社会活动造成不便。

3. 售价偏高

有的老年公寓环境优美、设施齐全、服务较好，但是租售价位较高，有的月租价高达2000～3000元，很多老年人只好望洋兴叹。如上海市选择老年公寓的老人中，86.3%希望每月所需费用不超过1000元。调查显示，北京市50岁以上的常住人口中，60%以上表示近期或以后愿意入住老年公寓，但他们所能承受的平均价格为860元；大连市老人入住老年公寓和养老机构可以接受的价位为400～500元。可见，在我国广大老年人收入偏低的情况下，老年公寓的档次和价位要适合广大中低收入老年人的承受能力。

4. 建筑老化，设施不全

一般来说设备齐全、环境优美、服务周到的老年公寓不太多。而有些单位和个人资助的养老机构，如福利院、敬老院的环境、条件和服务则较差，不能达到老有所养、老有所乐的目的。

5. 供给呈现多元化特征，但仍缺乏对客户的准确定位

随着社会发展，我国的家庭结构逐步走向小型化，老年人的住宅消费观念也随之发生变化，从基本的住宅消费逐步发展到提高住宅消费品质上来，老年人的需求呈现出多元化的特征。老年公寓市场上已经针对不同类型消费群体的高端老年公寓、亲情社区型老年公寓、福利养老机构和个性化设计独特的小户型房等多种产品。

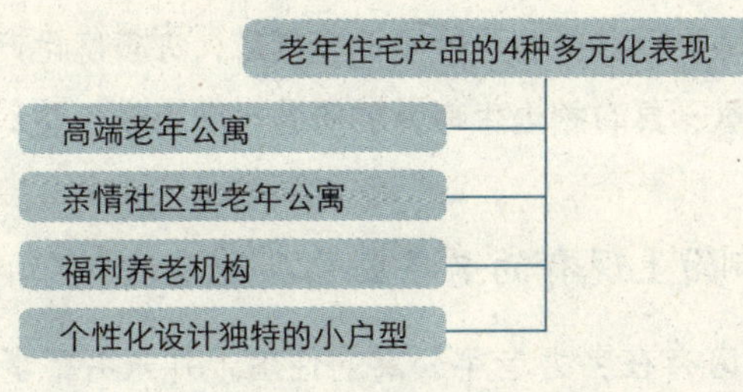

老年住宅产品的4种多元化表现

许多老年住宅未作好客户定位，其价格没有根据各经济层次的老年人作出合理定位，使老年公寓市场的供求之间存在一定的落差，致使部分福利性及赢利性老年公寓的经营较为困难。

要点提示

市场上的老年住宅项目多以公寓为主要物业形态。北京、上海、广州、重庆、青岛、济南和威海等很多地方均已出现一定数量的老年公寓。它们的经营成效受运营模式中的市场定位、销售方式、服务体系的直接影响。老年公寓的设计、服务等方面并不符合入住老人的需求，致使部分老年公寓在盈亏点间经营。

6.“银色产业”浪潮虽已掀起，但其波及力度远远不够

全国农村乡镇和城市街道兴办的敬老院有4万多所，所养不过75万人。全国个体、私营和合营的福利事业中养老的老年人，据推算不超过20万人，也就是说，全国在养老设施里养老的老年人不过100万人，不足老年人口总数的1%。矛盾便在于此，一边是老年人口急剧增加，兴建这些福利机构是一种必然趋势；一边是经济收入有限，不可能把老年公寓当做高消费的场所，老年人的需求是舒适、安逸又价格适中的老人居，这对于想赚大钱的投资商而言大多还处于一种观望态度，不想贸然斥资于收益微薄的老人产业中去。

7. 存在数目少、规模小、分布地区不广等问题

我国现有不同规模的老年公寓800家，规模都比较小。我国各地建有各级各类养老机构大约有39754家，床位212.8万张，收养老人171.9万人。仅就床位数来讲，刚刚超过老年人总数的1%，较之于国际通行的5%～7%的比率相差甚远。很多城市的老年公寓建设尚处于启动阶段，北京市仅有几家房地产公司对

这种新型房地产商品类型进行了调查摸底，许多房地产开发企业还未注意到这一具有相当生命力的房地产商品新类型。

（1）市面上现有的老年公寓品质层次较低

一些地区存在名为老年公寓的住房，并未考虑老年人的生理行为特征，其居住小区不仅规模小、配套设施不齐全，而且多为原来的已开发住房，只冠以“老年公寓”之名进行销售，从选址规划、户型设计到相关服务设施的建设与实际意义的老年公寓相去甚远。即使是专为老年朋友开发建设的老年公寓单在物业管理方面也存在不足。老年公寓开发完毕后的经营不仅是一般的物业管理，而且是多种专业化经营和管理，更需要体贴入微的服务态度和质量。而大多开发商或物业管理单位对老年公寓的管理却是泛化、片面化，往往只流于形式，不能进行深入的管理。而科学合理的专业化经营和“以老人为中心”的爱心服务并建立信誉和知名品牌，是老年公寓项目建设进入良性循环的关键，这就要求开发商在具有较好的房地产开发水平的同时，联合专业服务单位提高自身的管理服务水平，为住户提供特殊的服务。

（2）我国老年公寓还没有形成一个完善服务体系

老年公寓对从业人员要求缺乏行业标准，普遍雇用的是一些文化素质偏低的临时工或下岗女工。这些服务人员并未经过行业培训，缺乏基本的技能，只是像完成任务般地给老年人喂饭、送水，并未考虑到老年人渴望亲情、渴望家的感受，很容易让老年人产生怨言，这样的服务很难面向市场。

在中国大多数养老院里，老人们“与外界封闭，了无生气”。国家和社会能够提供给他们的，往往是最低生活保障水平。

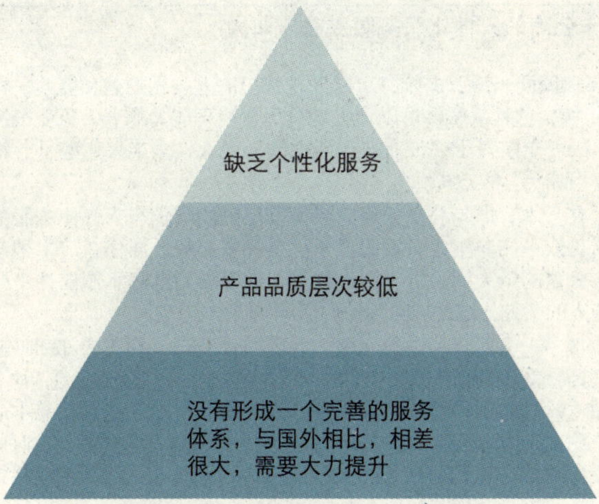

我国老年公寓的3个明显不足之处

但奥地利等欧美国家的养老院（国外称为老年公寓）的老人们，生活水准并不低于当地公民的平均生活水准。而这一生活水准，不仅是指物质生活水准，而且还包括老人的精神生活水准。在那里，护理人员并不是将老人看做病人来照料，避免使老人们对自己的未来产生悲观厌烦，觉得来日无多，而是将他们看做朋友，陪他们聊天，组织活动。护理人员也多是成熟而有经验的中年女性。不少老年人觉得，在这样的地方颐养天年，图的是活得有尊严。

同样在美国乡村的老年公寓，人们经常可以看到那些已经走不动的老人照样自寻其乐。老年人穿得红红绿绿，比年轻人还要鲜艳，坐在轮椅上也要排练表演节目、做游戏、下棋、打球、玩牌，公寓的娱乐设施应有尽有。在美国过万圣节、复活节、圣诞节，老年人同样与年轻人一道狂欢。在万圣节，许多老年人也装扮成野兽鬼怪，穿着奇装异服在化妆舞会上狂欢乱跳，如同儿童。时常还有大学生和名人光顾老年公寓，与老年人进行联欢，这几乎成为了一项社会公益机制。在那里，老人感到非常的充实，并且被人们尊重。

案例

老年公寓的人性化服务吸引着老年人

在德国的当地养老院，可以发现那里的老人用的是和婴儿一样的纸尿裤，这种纸尿裤可以让大部分失去自理能力的老人免受很多痛苦。但中国养老院对于“没有自理能力的”老人，多半采用的是“将老人裸露直到晾干”的方式。

在日本，老年公寓的经营者面面俱到的考虑与人性化的服务，更是吸引着众多的老年人。坂田茂子已是76岁高龄，居住在日本神奈川县老年人公寓的单人间。每天清晨醒来，他总要到电热水瓶前冲一杯茶水。用老人的话说，这是“向孩子们道声‘早安’”。

茂子老人所用的电热水瓶乍一看平淡无奇，其实底部却暗藏玄机，它是具有先进的信息传递功能的网络电水瓶。一旦接通电源，注入茶水，诸如“9：15出水”等有关使用情况的信息就会被传送到信息中心。而在开车约30分钟路程外居住的两个儿子则一天两次在预先指定的时间接收来自信息中心的电子邮件，由此便可得知母亲茂子老人当天的生活状况。

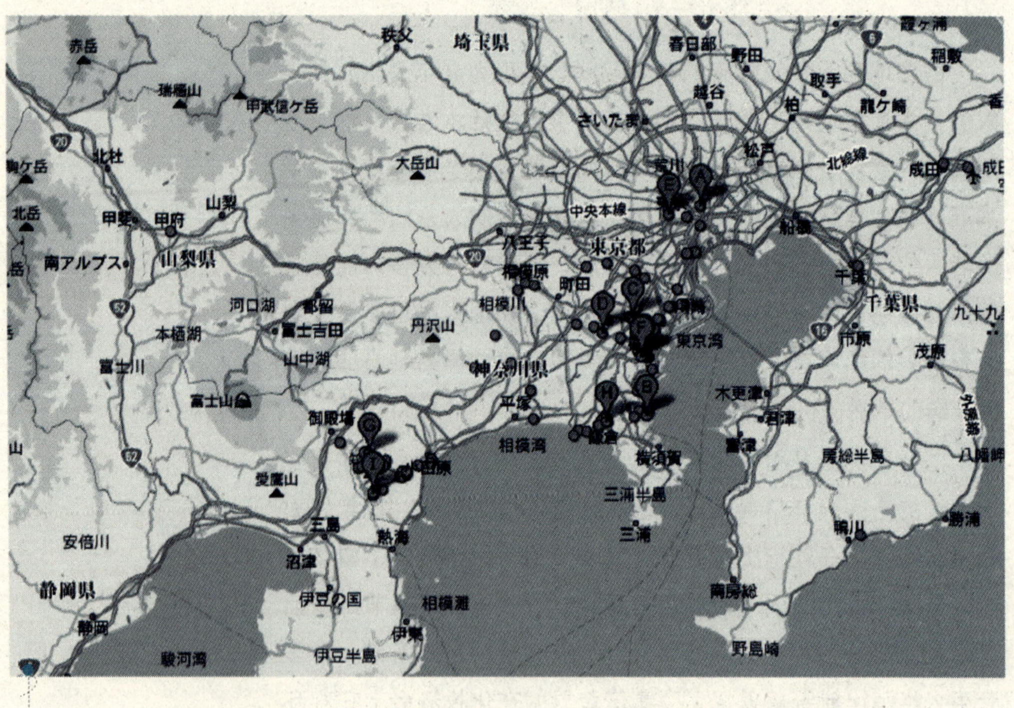

神奈川县位于日本列岛的中央地带、关东平原的西南部，北面与东京都相接，东面为东京湾，南面是相摸湾，西面和山梨、静冈两县相邻

由于历史和物质基础的原因，国内的养老院给人的印象是，社会的托老所，老人“寄养”在那里，子女再无忧，而老人年事增高后，所剩的唯一的一片天地就是天花板和床板，在养老院每天还要随时听从医护人员的忠告与嘱咐。那时整个国家穷，

哪谈得上老年福利事业！多年的积习使我们忽视了老年人的感受，这是不少老年人对养老院望而却步的重要原因。

如今，面对银发市场的兴起，养老院、老年公寓的经营者希望以优惠等各种方式吸引老年人入住，然而他们首先需要补的一课就是让老年人过上有尊严的生活。

8. 政府和社会各界对老年公寓的重视支持力度不够

虽然上至中央，下至各级地方政府，都很重视养老问题，对于老年住宅的开发也采取了积极支持的态度，但力度还不够，需要落实的措施非常多。

（1）资金和政策援助较少

我国在有关老年公寓的建设及其资金方面还未有较大投入，支持政策也较少。有些相应的政策虽已制定，但在实施过程中由于多方面的影响往往不能落到实处。没有适当的鼓励政策，也就难以刺激房地产开发商大规模投资兴建老年公寓，同时致使许多建成的老年公寓普遍存在资金投入不足、管理不善等问题。政府没有及时采取一些如给予老年公寓建设的每年专项拨款、资金援助和税收优惠等措施，从而在某种程度上使我国老年公寓养老的发展变得缓慢。

（2）金融机构对老年公寓的融资存在一定限制

由于老年公寓及其大量配套服务设施的建筑需要巨大的资金投入，再加上老年公寓的回收期较一般住宅长，往往金融机构不愿意贷款给开发商；还有些是观念认识上的原因，认为老年公寓的建设前景不好，资金回收很困难，就不会轻易贷款给那些想建设新型银色住宅的私营和外资房地产开发商们。

（3）政策支持力度不够，优惠政策缺乏

由于定位难、无政策支持，老年地产目前仍是鲜有人问津。政策的限制是开发老年公寓遇到的最大困难，开发商需要

被动等待政策的出台作为民营资本的担保，是没有出路的。以市场为导向的中国老龄产业时代已经到来。为了保证资金链的稳定，以北京太阳城这个老龄产业龙头企业为代表的企业，已经开始启动公司上市程序，以解决单纯由政策链左右资金链的问题。

在一定程度上讲，中国老龄事业的发展已经给老龄产业的发展奠定了一定基础。发展成熟的老龄产业是解决社会老龄化问题的新思路。

税收、批地、贷款等优惠政策的支持。也正因如此，国内近几年由开发商所开发的老年公寓项目多数都不成功，很多最后都被迫由老年地产项目转型为普通住宅项目。因此，老年地产的开发商们急切希望能够得到一些优惠政策来激活市场。

我国属于低福利水平国家，所以，政府主要关注并解决社会“低保”“五保”等处于弱势的老年人群的养老问题，而对中高收入人群养老生活关注得较少，只有一些粗放的政策，并且可操作性不强。民营企业得不到好的土壤，老年地产迟早会夭折。对于政府，我们希望能够给予支持，特别是金融上的支持。

中国的老龄人口正在以每年大约3.28%的平均增长率膨胀。面对这样的形势，国家对民营企业投入老龄产业持欢迎态度。但由于中国老龄产业的行业分工尚不明确，产业内涵及定义也不清晰，时下的中国老龄产业，发展规模还很小，老年人专用产品尚没有形成规模效益。例如，老年人专用纸尿裤产品，在中国市场还是空白。

（4）开发建设者寥寥

想到“银发浪潮”的到来，老年公寓市场大有作为。尽管如此，目前涉水的开发商仍是极少数，真正市场化的老年公寓几乎是空白。那么，既然老年住宅商机无限，开发商为何不敢放手开发呢？

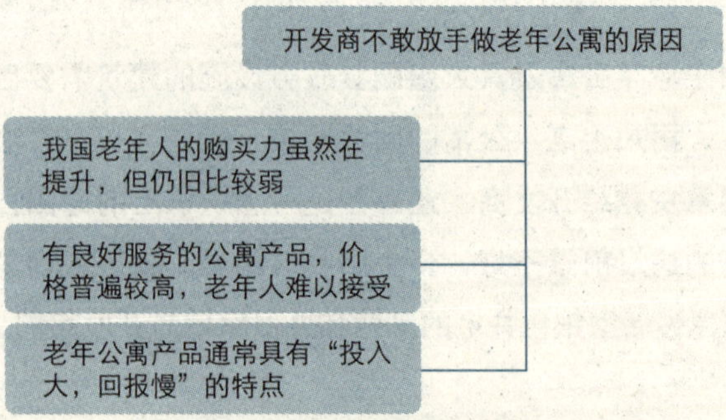

开发商不敢放手做老年公寓的原因

首先，老年人群的购买力偏弱。老年人群的收入大部分靠固定的退休工资，有些会有子女的赡养金、商业养老保险，但也不会太丰厚。因为年老，他们危机意识较强，有钱也会更多考虑大病，考虑收入来源的波动。许多老年家庭有此能力，支付老年住宅的首付款甚至一次性付清，问题是他们不可能将所有的钱投进购房。购房，对他们来说是投资大，自己享受年限有限的大宗消费，因而会持非常谨慎的态度。

其次，房价居高不下，不少老年人对购买带有服务性质、价格颇高的老年公寓望尘莫及。一些有心经营老年公寓的开发商也担心在经过开发、平价或低价销售、专业服务营运之后，老年公寓难以赢利。事实上，由于交通、医疗、老年人实际消费能力等因素，老年公寓的开发举步维艰。有意投资老年公寓的开发商表示，开发老年公寓本身是一件带有社会福利性的事，但目前没有对开发老年公寓提供优惠的政策。

其实，如果建造真正的老年公寓是有优惠的，但只有登记为“民办非企业单位”才能享受国家的优惠政策，可登记为“民非”又给这些单位带来很大的麻烦和困难，因为这样的土地是不能抵押贷款的，同时也不能出售房屋产权，这个项目投入大、产出缓慢，很多企业不堪承受。

开发商如果要去做老年公寓就必须摸着石头过河，这其中的投入和产出和做普通的住宅是不能相提并论的，这种“投入大、回报慢”的产品类型，不能被很多开发商接受。

要点提示

老年公寓是以后住宅发展细分的一个方向。房地产企业做老年公寓要考虑年轻态的老年人的需求和需要护理、康乐的老年人的需求。房地产市场未来的发展趋势是细分的，这是必然的。未来开发商的发展也是细分的，老年公寓需要更加专业的公司来做，全面地考虑区域、细节、配套等方面的问题。

9. 有些老年人及其子女对于入住老年公寓养老抱有偏见

子女认为送老人去老年公寓养老是不尽孝心的表现，认为老年公寓是孤老去的地方，有儿有女的老人不应该去那里养老。而有的老年人退休后会觉得失落沮丧，非常在乎子女的关心、孝顺和家庭的和睦。而且老年人和子女对老年公寓的硬件设施和服务质量不了解，据调查，有95%的老年人根本没听说过老年公寓，更谈不上了解其具体设施服务情况。这种信息的闭塞严重阻碍和影响了老年人及其家庭对入住老年公寓的选择。

10. 金融服务配套跟不上老年公寓开发的需要

房产与金融密不可分，一项有效的金融工具能全面启动一个市场。就如没有当年的个人抵押贷款，个人购房的时代肯定至今未到。老年住宅的开发，也需要金融先行，否则必定是事倍功半。可喜的是，国内已有一些业内人士洞察到“反向抵押贷款”等国外某些市场运作模式的巨大利润，正积极筹划，跃跃欲试。

案例 北京太阳城采用“投资返本入住”的销售方式

在北京以兴建老年住宅而闻名的小汤山项目太阳城，曾经推出一项名为“投资返本入住”的销售方式：入住年龄为60岁以上的健康老年人，一次性支付100%的房款自入住的第二个月起，开发商每月向老人偿还入住本金。本金的支付方式为：入住公寓的全部房款除以20年除以12，偿还期为20年。如果老人在20年内不幸去世，开发商将一次性偿还老人所剩本金（20年应付的全部房款减去入住年限应付的房款）；如果老人健康长寿，在太阳城生活超过20年，则不再支付入住房款，可在太阳城终身居住。

太阳城在采用返本入住的房产销售方式中，并不出售产权，只是出售老人的终身使用权。居住在此的老人百年之后，其继承人收回房产本金，开发商继续将房产再次以返本入住的方式推出，资源如此重复利用，房屋的价值将远远大于一套正常销售的房屋价值。

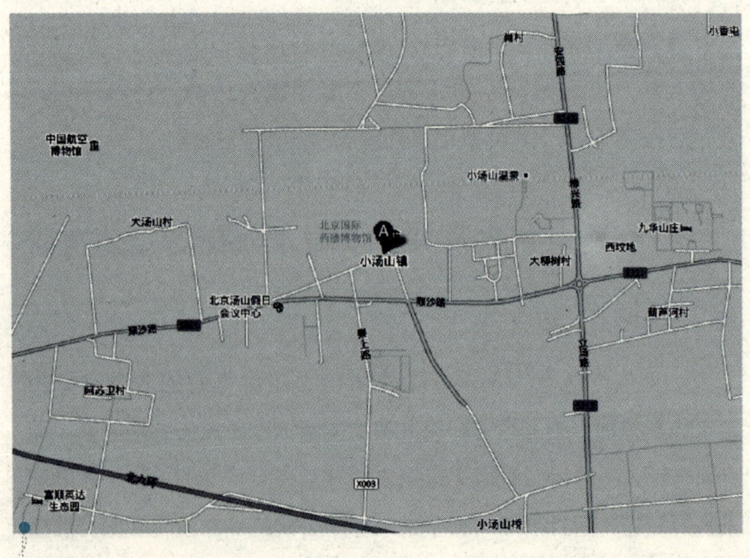

北京昌平区的温泉古镇小汤山，因小镇具有区位优势、丰富的地热资源和优美的环境优势，经过开发建设，形成了以旅游、度假、康复、观光为主的现代化小城镇格局

11. 老年公寓容易被误解为福利院

“老年公寓？就是福利院嘛，我不愿意去，被管着很不自在。”高达85%的老年人对老年公寓的理解还停留在社区福利院这一概念上，认为老年公寓就是福利院的代名词。认识上的误解，是造成现有老年公寓销售不佳的一个重要原因。大部分的老年公寓，不管硬件还是软件都能符合老年公寓的要求。但是，由于认识的误解，很多老年人以为开发商的项目只是老年公寓，却还要卖出比一般房屋更贵的价格，这是他们最不能理解的地方。认识的误区直接影响到开发商的销售情况，这也可以看出购房者对老年公寓的误解，直接影响到老年公寓的推广。

老年人的经济条件和养老生活新观念是老年公寓（社区）市场的重要支撑。中国的社会保障体系日益完善，老年人的收入也逐年提高并且稳定。据抽样调查，成都只有7.4%的老年人生活来源于子女，而靠退休金或养老金及存款生活的老年人高达87.4%，年收入3万～5万元的老年人占8.7%，而且，老年人群还是银行储蓄存款的一支重要力量，城市老人大多数都拥有至少一套住房，他们的住房在价格上足以置换一套近郊老年公寓且有结余。因此，经济条件及稳定的退休金收入，让老年人希望生活在更适合自己养老生活的专业老年公寓（社区）。

要点提示

老年人对生活质量的要求和标准在日益提高，除了关心自己健康状况以外，对文体娱乐生活的追求也越来越多。自由、舒适、健康、快乐、个性、时尚等生活观念已逐步深入到老年人的养老观念和日常生活中去。这一切，都是老年公寓（社区）市场的重要支撑。

市场特征：5大开发特点明显

我国老年公寓市场处于正待开发阶段，已经呈现出5大比较明显的特色。我国的老年公寓的特点是和我国的国情紧密关联的，正在快速发展中的事物总是会呈现出不成熟的特征来。

价值点1	价值点2	价值点3
多数入住老年公寓的老人收入都比较高	市场化经营普遍得到认同	投资收入较稳定，但回报周期长

老年公寓开发呈现的5大特点

- 客户为中高经济实力的老年人
- 居家养老与社区服务相结合的模式
- 具有“福利性事业、市场化经营”的特点
- 投资额大、资金回收期长
- 对政策的依赖性有些大

老年公寓开发呈现的5大特点

1. 客户为中高经济实力的老年人

在北京、上海和广州等经济发达的大城市，存在着一批占当地老年人口总数将近6%以上的中高收入老年群体，他们认为现在的养老条件，无论从居住条件还是养老服务水准方面都不能满足他们日益提高的养老需求，因此他们逐渐关注能够满足其养

老需求的新型养老模式。而老年社区能为这一群体提供个性化的居住条件和人性化的服务内容。

2. 居家养老与社区服务相结合的模式

老年公寓与敬老院、福利院不同，不是用来收养无经济来源的孤寡老人和低收入家庭送养的老人，不属于国家或集体创办的社会福利设施，而是由企业投资并公司化经营管理的老年专用住宅，一般选址在城市周边，有山水相伴、空气新鲜、风景优美的环境。入住的老人可根据自己的经济条件和健康状况选择住房类型、等级和服务档次。

由于老年公寓提供给老年人是个性化的居住条件和人性化的服务内容，因此其住宅形式一般要包括居家式的私人住宅、宿舍式的酒店公寓以及医院式的养老病房，同时由于老年公寓一般兴建在城市周边，还要提供多种生活必备设施（如购物场所、银行、邮局、医院等设施）和娱乐锻炼的配套设施（如体育馆、餐厅、娱乐场所、老年大学等），人性化的社区服务包括社区物业服务、社区家政服务、社区医疗服务及社区娱乐服务。

要点提示

一般房地产开发商的『盖楼卖房』和普通养老机构的出租床位、服务内容单一的『旅店式』运营模式不适合老年公寓的正常经营。

3. 具有“福利性事业、市场化经营”的特点

我国人口众多，经济发展不均衡，人口贫富差距悬殊，并且属于低福利水准国家，所以政府主要关注并解决社会“低保”“五保”等处于弱势的老年人群的养老问题，而对中高收入人群养老生活关注的较少，只有一些粗放的政策，并且在现实运用过程中可操作性差。

同时由于老年公寓属于新兴事物，它是老年人社会化养老和社会化投资并企业化经营的房地产开发的混合体，有关部门在政策制定和操作方面相对滞后，所以一般开发商在税费减免、金融支援方面得不到相应的优惠，对于具有社会化养老性质的老年社区，开发商需要完全按照市场条件解决项目立项、项目审批和资金筹措等一系列问题。由于以上原因，老年社区

运营需遵循市场规律，走“福利性事业、市场化经营”的道路。

4. 投资额大、资金回收期长

老年公寓项目不同于一般房地产项目，它不仅包括住宅本身，还包括许多服务配套项目，并且在设施、设备规划设计、安装方面都要结合老年人的特点，有数据显示老年社区的总体造价要比普通房地产项目高五成至1倍。

另外老年公寓的租售方式比一般住宅更为复杂，一般住宅都通过住宅销售实现房地产开发的最终目的，而老年公寓则需要根据老年人市场需求的多种形式，采取租、售结合的方式满足老年人入住，其中一定比例的住宅面积可以实现销售，另一部分须满足租用、度假等需求，并且公共服务设施更需要通过经营来实现收回投资，因此老年公寓的运营模式要采取灵活多样的销售方式保证其正常经营。

老年公寓总体造价比普通住宅项目高出五成至1倍，而投资的回报率与普通房地产项目相比没有多少优势，甚至在以上尴尬情况下更有低于普通住宅回报率之势，致使目前市场难觅老年公寓的踪影。

开发商所开发的老年公寓有一种趋势，目标人群明确定位在中高经济实力的老年消费者，其项目的硬件条件非常好，服务也优于传统的福利院，但房价也让好多老年人望而却步。以我国国情来看，和美国、日本相比，即使是中高收入的老年人群，在购买能力上也还是相对较弱的群体，能支配的现金还是低于在职人群，另外，回报周期长、总体造价高和经营困难等一系列问题，制约着老年公寓的开发。不管是硬件，还是软件，都需要大量的资金，因此，开发商的成本势必增加，回报周期也就加长了。在这样的前提下，开发商更愿意选择回报周期短的普通住宅。而老年公寓鲜有人知，也就不奇怪了。

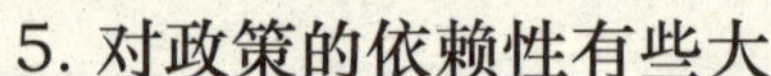

5. 对政策的依赖性有些大

老年人的居住环境需要国家根据社会福利和社会需求的不同点，在加大力度和投入完善各级老年福利设施的同时，提供政策性支持，依靠社会力量综合发展社会养老体系。养老体系应依据老人特点划分层次，老年公寓、养老院或护理院各有侧重，实施灵活多样的开发、经营和管理方式，让更多的老人根据情况进行选择和调整。在老年公寓或养老院的设计中，应改变现在单一的集中式管理模式，尊重老人的自主、个性和隐私，提倡家庭式的公寓和养老院。

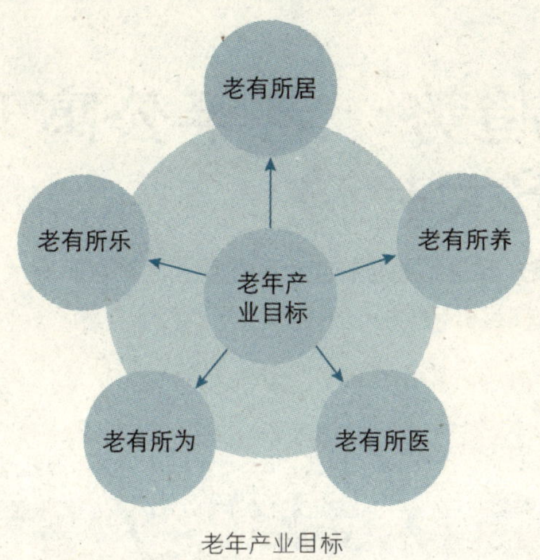

老年产业目标

在营造老年整体居住环境和配套设施时，要重视各种居住社区中老年居住环境的营造，这包含住区整体及住宅内部的设计，也包括社会风尚和管理机制。不仅要重视住区周边或内部有关老年服务设施的配套建设，也要注重老年设施的产业化发展。通过整体的老年居住环境和完善的老年服务配套设施建设，建立完整的老年服务体系，扩大社会服务功能，减轻家庭负担。

政府管理部门应尽快建立一套完善的、保障老年居住环境建设标准的法规体系和监督评价体系，老年居住环境可建立指标评价体系，纳入居住区的重要组成部分和评价标准。政府部门要加强对开发部门关于老年居住建筑开发的宏观控制和指导，注重开发的质量和水平，避免盲目和不规范。在法律指导下，使老年居住环境建设健康有序地发展。要真正实现“老有所居、老有所养、老有所医、老有所为、老有所乐”的目标，老年人的居住环境是需要我们高度关注的问题。如果我们对此较早考虑、较好构思、统筹规划并尽早动手，或许今天的设计建造者，有朝一日也可以充分享受到一个安度晚年所需的完全人性化的理想居住环境。

市场趋势：老年公寓开发呈现8大趋势

我国老年公寓的开发越来越受到重视，而且呈现出8大比较明显的趋势，这些都应当引起重视。

价值点1
人性化的设计是老年公寓开发必须重视的层面

价值点2
老年公寓的开发不宜片面追求档次，小户型是主打产品

价值点3
细分老年人群体，开发有针对性的老年公寓产品

老年公寓开发8大趋势

- 综合性住宅成为老年公寓开发的主导产品
- 市场竞争激烈，设计更注重细节
- 将细分不同消费档次的老年消费群体
- 更加注重以人为本的开发理念
- 功能齐全的小户型是老年公寓开发的重要选择
- 老年公寓开发区将逐步从主城区向城郊转移
- “山水型老年公寓”将更受消费者青睐
- 开发不再片面追求规模与档次

老年公寓开发8大趋势

1. 综合性住宅成为老年公寓开发的主导产品

综合性住宅势必成为老年公寓开发建设的主导产品，根据老年人的生理特点，世界卫生组织对全球人口的身体和平均预期寿命的测定重新划分了年龄组：其中60～74岁为年轻老年人，75～89岁为老年人，90岁以上为长寿老人。由于各个年龄组的老人对住宅的需求有所不同，因此，开发修建一种适应不同年龄

组老人特点的老年公寓（在这里不妨称其为综合性通用住宅）应作为有志于开发老年住宅的开发商考虑的关键。综合性住宅与其他相比最大的不同在于：在周密地考虑老年居住者的生理状况基础上，它能根据居住老人的实际情况，改善和增加必要的设施及医护系统来帮助提高老年人的自主和自理能力。

国际慈善机构（HTA）根据老年人的生理和心理的健康状况将老年住宅分为7种类型：

A类：富有活力、生活完全自理的退休人士和退休前老人居住的健康住宅；

B类：生活基本自理，需要少许监护和帮助的健康老人居住的住宅；

C类：提供全天监护和最低限度的服务和设施的健康老人居住的住宅；

D类：专为体力虚弱而智力健全，但不需要护理和监护的老人提供的住宅；

E类：专为体力尚且健全而智力衰退并需要个人生活照料和监护的老人提供的住宅；

F类：专为体力和智力都衰退并需要个人监护和护理的老人提供的住宅；

G类：专为体力和智力衰退并患有疾病、受伤等的老人入住的注册医疗机构。

老年住宅中的专用卫浴设施

综合性住宅的设计应适合不同层次的老年人需求针对老年人的生理特点，综合性住宅的设计要点就是避弊趋利。楼层不能太高，6层以上必须设电梯，电梯间和楼梯适当增大，可放置轮椅和安装升降椅。住宅入口及门口面积宜适当增大，便于轮椅通过，并在通过处安装或预留扶手的埋件。室内地板应当平坦、防滑、没有高差，不可设门槛等障碍物，防止老人摔跤，便于轮椅通过，浴池底也应防滑。厨房卫生间面积要适当加大，便于轮椅使用，日照采用要顺畅。除了以上这些特点之外，通用住宅的一个显著特点是依据老人在不同时期因生理变

化带来的不同需求而设计。

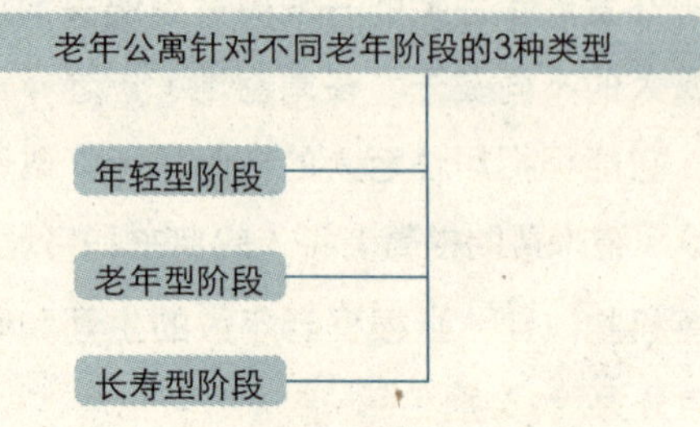

老年公寓针对不同老年阶段的3种类型

（1）年轻型阶段要点

这类型老人生活能够自理，因此住房面积不必太大可开辟出一定面积作为储物室，但要有相应的厨房、卫生间和相应的服务网络，如菜市、超市为这些老人的生活提供方便。老人可以关门生活，不受外界干扰，也可以到附近的服务机构中参加活动或寻求帮助，服务人员可提供上门服务。

（2）老年型阶段要点

这类型老人由于身体素质逐渐下降，导致生活不能完全自理，但还无须增设医疗康复设备，因此室内设计转为无障碍设计，可将用于储物的空间重新利用起来，拆除后以便增大活动空间；家具、器具和设备要配置在便于老人操作的位置；另外，住宅入口、卫生间、浴池、坐便器旁应增设扶手携动；地板防滑措施再次巩固；门最好改为推拉式并要有明显的色彩标志，以提醒老人注意；房间照明要提高两倍以上，便于老人靠视觉获取信息。此外，改变方向或有高度的地方应用鲜明色彩；安装警铃以便及时或自动地发出警报，使老人能够得到帮助；增设专门家政服务人员为此类老人提供日常必需服务。

（3）长寿型阶段要点

这类型老人是需要特别护理的。这段时间通用住宅除具备上述两年龄组住宅设计的大部分功能外，还应开设治疗、护理、康复及临终关怀等较齐全的医疗康复设施。室内要给护理人员留下足够的护理空间，特别是浴室和卫生间一定要放大尺寸，保证老人活动需要和协调老人所需空间。电话、电灯开关都要装在老人床头易触摸的位置。室内应设有同整栋大楼安全警报系统相连的紧急呼救设施，以应付老人突发病和其他突发事件的发生。总之，要融服务、医疗、护理设施为一体，使老人在这里能够得到全方位的护理。

2. 市场竞争激烈，设计更注重细节

针对不同年龄层次、身体状况和家庭状况的老年人，对居住条件的要求不尽相同，因此对老年公寓的设计应因地制宜，采用不同的开发模式。

比如，绿地21城·孝贤坊就是属于社区型的典型代表。作为一个尊老社区，它和其他的度假社区、国际社区、商务社区等，共同组成了绿地21城人文新镇。选择此类社区的客户，可以是老两口在此养老，享受较好的环境和精神文化生活，还有必要的医疗设施；也可以是老两口住老年社区，小辈住在其他社区，两代人平日各取所需，相互照应又十分方便。社区内，有公寓、连排别墅和花园洋房等多种住宅样式，选择余地很大。

3. 更加注重以人为本的开发理念

一些开发商正尝试着从传统情感与现代生活模式中探寻出平衡点，构建以人为本的“亲情住宅”。它将让人们享受到一种温情的传统与现代文明交织的完美生活。亲情住宅正引导新的居住理念，形成新的消费行为。

老年社会多样性要求考虑发展和探索新的合居型住宅。弘扬中国的亲情和家庭伦理观念，鼓励子女和老人同住或毗邻居住。完善“老少居”型住宅（即两代或多代人同住一栋住宅，但各有各的独立完整的生活起居间和设施，有分有合，安排得

要点提示

以北京的澳洲康都的『亲情社区』项目为代表，中国房地产及住宅研究会副会长兼秘书长张元端认为，『亲情社区』是一种以维系和增进家庭亲情为主的、老年住宅和普通住宅混合布置、充分体现『以人为本』理念的新型社区。

当。走动不便的老年人住底层，上层为年轻夫妇与孩子居住），探索具有传统大家庭模式的现代“家族型住宅”。在普通住宅设计中，应有一定的潜伏性和可变性设计，满足家庭和人生年龄变化对居住环境可变性的要求。

4. 将细分不同消费档次的老年消费群体

老年公寓市场的细分趋势是明确的，比如，由于国内中产阶层、归国华侨及异国来华养老者对环境的要求比较高，他们对环境静谧、空气清新、人流量较小的低山丘陵地区情有独钟，为了迎合该部分老年群体的需要，房地产开发企业应建设专门针对该部分消费群体的国际性、开放性的老年公寓、老年别墅和康体中心等。例如，苏州吴中区早已经制定了《吴中区现代服务业规划》，将在苏州西山临太湖地区规划一高端老年产业带，建设老年公寓、老年别墅及老年康体中心等高端老年住宅产品。比如，海南的“阳光城之椰风海韵”，是海口第一家专业化、高水准规划建设的别墅居家型养老休闲社区。

案例　海南阳光城养老社区

阳光城养老社区位于海口市桂林洋开发区，由海南景华投资公司投资开发、海南银湾国际太阳谷有限公司经营管理。该项目按中老年人不同状态与需求，依据严格的市场划分原则，将社区细分为4类人群，即亚健康度假康复人群、中老年休闲养老人群、中老年度假养老人群、老年产业投资性人群。根据不同的人群，在小区的房屋功能设计和服务项目上都有所区别，以适应各类老人的需要。整个小区将居家养生、养老、度假、疗养、投资等功能高度提炼与浓缩，使之变成一种以养生养老为核心，兼具多功能用途的产品，重新定位了海南作为中国养老胜地的全新意义。

5. 功能齐全的小户型是老年公寓开发的重要选择

老人们有自己的生活方式，他们中间越来越多的人已经不愿意和子女居住在一套房子里，而是想拥有自己的天地。很多有经济实力的老年人，都会选择给自己买一套面积较小、总价较低的公寓用来颐养天年，同时把原来住的三室一厅或两室两厅的大房子让给子女住。例如，南京江北的内阁、城南德宏图-上福园、仙林的康桥圣菲、江宁的湖人国际公寓等楼盘推出的小户型房源，出人意料地受到老年人的追捧。

更值得注意的是，为了顺应老年人的购房潮，苏州、南京的小户型楼盘正在打“老年牌”。根据对老年人群体的不同细分，必定有相当数量的老人对小户型产品有需求。因此，具备完善的医疗、生活、安全保护和无障碍等服务功能的小区内的小户型产品必将成为老年人购买公寓的另一选择。

6. 老年公寓开发将逐步从主城区向城郊转移

老年人进入养老社区的目的就是安享晚年和健康长寿，因此对环境质量要求较多，而现有的养老院、福利院因历史原因，大多选址于市中心，噪声和空气污染相当严重，相信随着老年人对养老质量要求的提高，其老年住宅从主城区向城郊转移将成为必然之势，且唯有城郊独特的地理环境才能满足老年人对居住环境的特殊要求。

7. “山水型老年公寓”将更受消费者青睐

随着居民生活水平的提高，老年人对居住的要求更加讲究。他们年轻时由于竞争环境和迫于生计，终年奔波于城市中间，渴望回到自然却又无法自主，退休后如释重负，轻松了、无牵挂了，迫切需要回归自然，与山水园林亲密接触，过着“桃花源”式的田园生活，颐养天年。因此“山水型老年公寓”的出现将备受他们的青睐。

8. 开发不再片面追求规模与档次

从居者本身的利益、安全管理和市场需求出发，老年公寓

的规模不宜过大，这要依据各地的具体情况和条件而定；要依据老年人不同的经济和健康条件以及需求，建设不同档次的老年公寓住宅。但是中国目前老年人的经济收入普遍不高，老年公寓的开发和建设要以广大中低收入者的经济承受力和需求为主，而不能片面追求规模与档次。

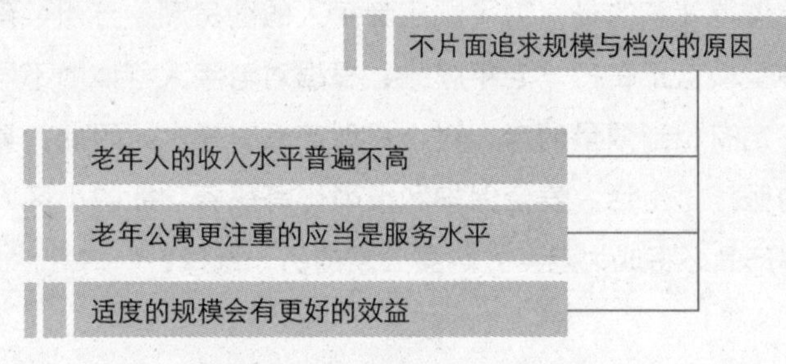

不片面追求规模与档次的原因

老年公寓的建设内容除一般居住设施外，还需要包括医疗护理、文化娱乐、生活服务等适宜老年人需要的特殊室内设施、配套设施和室外环境空间。需要开发商认真研制特定产品与营造优美室外空间，通过对比分析国内外在养老意识和老年住宅模式等方面的不同，我们可以清楚地看出，解决我国人口老龄化带来的老年住宅问题的未来战略，应坚持走社会化社区养老为主的方针，而目前阶段还应发展以普通自住型老年住宅为主、老年公寓和老年社区为辅的开发模式。低收入者以普通自住型老年住宅为主，中高端的收入者以老年公寓和老年社区为主。

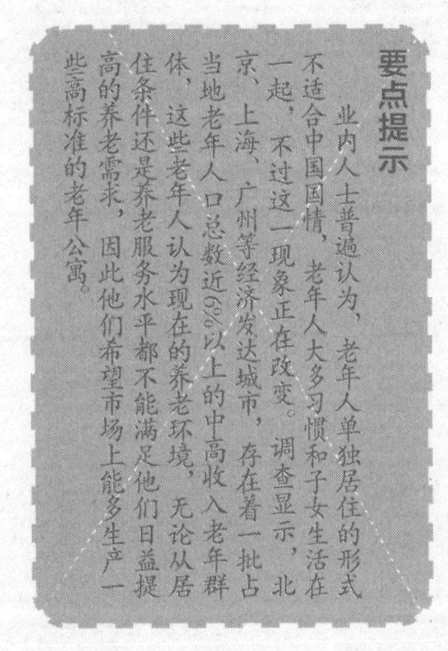
要点提示

业内人士普遍认为，老年人单独居住的形式不适合中国国情，老年人大多习惯和子女生活在一起，不过这一现象正在改变。调查显示，北京、上海、广州等经济发达城市，存在着一批占当地老年人口总数近6%以上的中高收入老年群体，这些老年人认为现在的养老环境，无论从居住条件还是养老服务水平都不能满足他们日益提高的养老需求，因此他们希望市场上能多生产一些高标准的老年公寓。

我国老年住宅市场的发展刚刚起步，市场需求量巨大，前景发展光明，尤其是以老年公寓和老年社区为主的老年住宅，但也应该认识到，我国社保制度不完善，老年人经济承担力普遍较弱，在投资建设养老住宅时，必须考虑到这种实际，有的放矢，才能提高企业和社会的双重效益。

广州市享福老年公寓

广州市享福老年公寓位于广州市白云区太和中心、新广从路旁，东依帽峰山国家森林公园，南邻白云山北麓，西近龙归地铁站，北眺新白云国际机场。

1. 公寓建筑面积超过7000平方米

广州市享福老年公寓是经广州市白云区民政局批准设立的综合性养老机构。占地3800平方米，建筑面积7000余平方米，设有床位近300张，公寓综合医疗室400余平方米。大楼建筑雄伟，布局合理，功能完善，设备先进。内设多种格调的房型：套间、单间、双人间、三人间、多人间，一应俱全，满足不同需求。室内星级酒店配置，配有独立卫生间、彩电、呼叫器、高级家具、全套床上用品等，天台有2个大型空中花园，室外还有中心花园，酷暑时公寓环境气温低于市中心3～5度，是老人享受幸福生活的理想地方。

广州市享福老年公寓套房实景

广州市享福老年公寓有经验丰富的领导骨干、技术力量雄厚的医疗护理队伍。公寓综合医务室设有内科、骨伤科、口腔科、中医，还专为老人开设康复理疗及新医治疗专科等，能满足老人一般性疾病诊治护理。食堂按卫生防疫要求规范设计，配有高级营养师、高级厨师，膳食根据老人营养需要和口味，做到营养科学化、结构合理化、菜式多样化。

广州市享福老年公寓文化娱乐设施齐备，供老人自娱自乐。除球类、棋类、麻将外，还有功能齐全的卡拉OK、多功能歌舞厅及健身体疗设备，让老人参与娱乐和体育健身活动。

2. 公寓提供丰富多样的服务

医院式的管理：为老人的健康保驾护航，医生、护士24小时值班，每天定时为老人巡诊检查，进行生命体征的检测。

宾馆式的服务：为老人高品质的生活提供全方位的保障，房间多样，设有豪华两室一厅、豪华单人间、雅致单人间、豪华双人间、雅致双人间、三人间、四人间、五人间及多人间，宽敞明亮。四星级宾馆的配置，格局典雅大方更适合老人居住。房间卫生专人打扫，老人床上用品及衣物定期更换、消毒、晒洗。

阳光职业化的员工队伍：一张张朝气蓬勃的笑脸，让老人的心境长绿，点点滴滴的温馨服务让老人感到家的温暖。

健康营养的饮食：聘请高级的营养师，为每位老人制定营养配餐，让老人吃得更营养、更健康。

老有所乐：根据老人的不同爱好，创办各种形式的协会，为老人提供更丰富的娱乐生活，让老人在这里老有所学、老有所乐、老有所为。

公寓实行多形式的入住模式为老年人度假、休闲小憩提供全方位的服务。

选址要点：
地形宜平坦、交通便利、生活配套齐全

设计细节：
厨房宜宽敞、卫生间宜防滑、家具宜圆角

规划要点：
人车分流、无障碍设计、南北朝向、大面积公共活动空间

老年公寓开发模式及实战要领

对于老年公寓，实际上房地产企业的开发思路与其他资金投资项目有着明显的不同。老年地产主要的产品形态包括：保险资金推出的升级版的养老机构，如养老院，把养老地产视作商业地产项目长期经营；开发商推出的养老地产项目，大多还是在做传统的地产模式，只是在原有的房地产开发项目中，加入养老地产的元素。

国际市场老年住宅开发模式借鉴

虽然我国的社会保障制度和西方国家不同，但是，西方国家完善的养老体制及在此基础上形成的各种老年住宅的开发模式仍然是非常值得我们借鉴的。

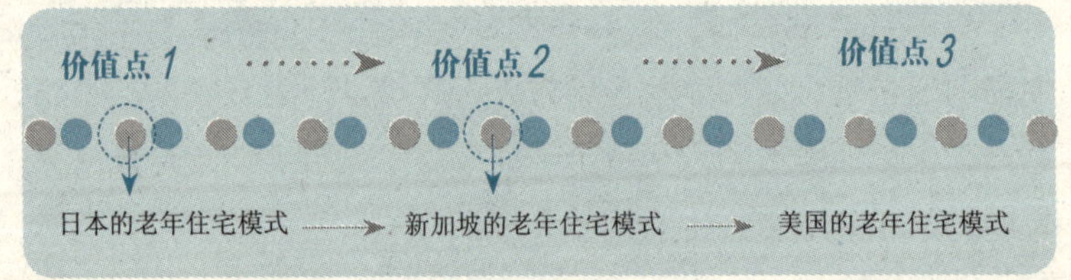

1. 国外老年住宅市场的状况

国内外养老意识存在诸多的差异。

（1）从传统观念看

西方国家社会养老意识强，家庭养老意识淡薄，而我国却恰恰相反。

西方国家的市场经济发达、生存竞争激烈，子女们为了就业和发展不可能长期和父母住在一起；同时西方老人只要健康情况允许，都愿意单门独户居住，他们不喜欢别人，甚至儿孙辈干扰自己平静的生活，也没有养成同成年子女一起生活的习惯；另外三代同堂在西方是违反常情的，也是非常容易产生矛盾的。因而说，西方国家的家庭养老观念淡薄，社会养老意识较强，西方国家的老年人一般会寻找老年住宅同龄老人一起生活，同时老年住宅的质量和服务较好，又可以提供一个老年人交流和活动的社交环境。所以，国外老年住宅市场吸引着大多数老年人。

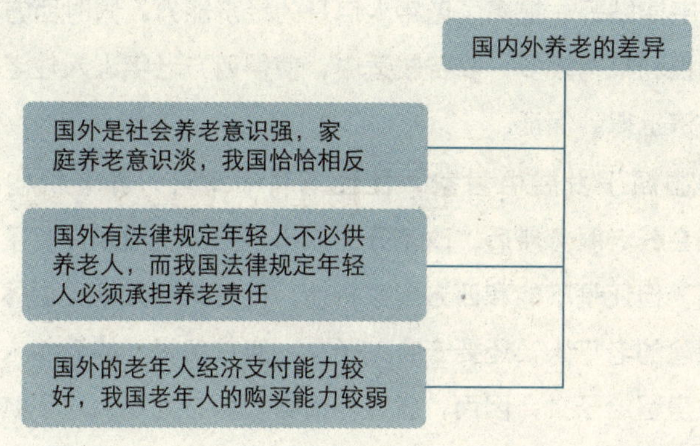

国内外养老的差异

中国家庭观念强，家庭养老意识强，社会养老意识差。中国的传统观念认为“百善孝为先，孝敬父母是最重要的道德之一”，因而孝敬老人是每个子女应尽的义务，如果老人离开家庭到老年住宅中去生活，就会被认为子女不孝或者是家庭不和；同时只要是老人的健康允许，老人都会留在儿孙们身边，照顾子女的下一代，为子女们的家庭奉献余生。因而说，中国的老年人都会选择在家庭养老。同时由于中国传统的老年公寓服务和设施较差，不能满足老人们的多方位需求，因而我国老年人对老年公寓接受程度较低。

（2）从法律法规方面看

西方国家的法律规定“父母应对未成年的子女有抚养的义务，而子女却对父母无赡养的责任”；中国的法律规定“父母有对子女有抚养的责任，子女也有对父母有赡养的义务”。因而在中国大多数老年人都选择家庭养老方式，而在西方国家则选择社会养老的方式。

（3）从经济水平方面看

西方发达国家经济实力雄厚，社会福利丰富，民众的生活

> **要点提示**
>
> 由于传统观念、法律条文、经济实力等方面的不同，国内外在养老方面也形成了不同的养老意识，西方发达国家以社会养老为主，家庭养老为辅，中国则以家庭养老为主，社会养老为辅。

条件较好。西方的老年人都能享受社会养老保险，并拥有自己的住房资产，再加上各国政府会给予老年人基本退休金、补充退休金和住宅津贴等，提高了老年人自身的经济能力。同时西方的老年社会福利机构较多，收费较适中，使得西方老年人入住老年公寓在经济上得到保证。

中国属于发展中国家，社会福利不完善，养老机构不健全，社会养老服务滞后；改革开放以来，虽然生活条件有了大幅度提高，但还是不能和西方国家相比；同时大部分享受退休金和养老保险的老年人，还要去补贴子女，有住房资产的老年人，还要将住房留给子女。因而，就整体而言，西方老年人对于购买或租用老年公寓的经济负担能力要强于发展中国家。

2. 国内外老年住宅模式对比分析

由于养老意识的差异，国内外在老年住宅方面也形成了各自不同的运营模式。

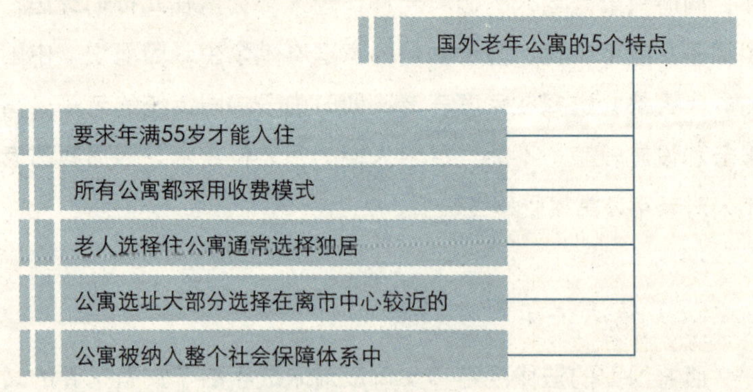

国外老年公寓的5个特点

（1）国外的老年公寓要求年满55岁才能入住

在国外，老年公寓无论是公立还是私营，都要求只有年满55岁以上的老人才能入住，子女不得陪同，18岁以下的未成年人可以陪同，但陪同的时间不得超过30天。另外，计划入住老年公寓的老年人必须先提出申请，一般年龄较高的人会优先安排入住。

（2）国外的老年公寓都采用收费模式

国外老年公寓收费，一般为1000美元/月，老年人只需缴纳个人收入的1/4～1/3，如果不够1000美元，剩余部分则政府进行补贴。国内老年公寓收费，一般为固定的收费标准。国外老年公寓服务管理人员很少，通常只有3～4人，主要依靠老年人自治、自理和社会义工，通常来老年公寓免费提供服务的志愿者很多，有时由于报名人数太多而不能全部安排；国内的老年公寓服务管理人员很多，通常要10人以上。

养老地产要求将地产产品与老年人所享受的社会福利相结合，这就决定了一方面此类项目租售方式将比普通住宅更为复杂；另一方面，一般房地产项目都是通过住宅产品销售来获取利润，物业服务仅占利润的很少部分，但养老地产的赢利模式却要求产品销售和物业服务两方面并重。

（3）国外老人住公寓通常选择独居

国外老人很小的时候就一个人生活起居，养成了独居的习惯，私密性很强，因而在进入老年公寓时，无论老年公寓的价格多么昂贵，也要选择独居。国内的老人进入老年公寓后，通常选择群居，一般会选择两人间、三人间，也有夫妻间等。国内的户型为一室一卫（30平方米左右），只是满足基本的居住需求，无烹饪功能，用餐只能到统一的食堂，享受统一的食谱。

（4）国外老年公寓大都地处距离市中心较近的地方

国外的老年公寓大都位于距离市中心较近、交通便利的地方，这样方便老年人与家里人团聚，方便老人购物、休闲、锻炼和娱乐等。国内的老年公寓建设比较随机，政府无统一的城市规划，老年公寓项目多在城市的远郊，整体环境很优美，但市政配套设施比较落后，尤其缺乏相应的医疗设施。国外老年社区产品比较成熟，开发量较大，像美国，已经占到全部住宅开发量20%左右，国内的开发还不够成熟，开发空间很大。

（5）国外的老年公寓被纳入整个社会保障体系中

在欧美国家，完善的社会福利保障体系是开发老年住宅的有力保障，老年公寓被纳入整个社会保障体系中，如英国、法国等，对老年人采取社区照顾的模式，内容包括：生活照料（饮食起居的照顾，打扫卫生和代为购物等）；物质支援（提供食物、安装设施、减免税收等）；心理支持（治病、护理、传授养生之道）等，都取得了相当不错的成效。这一模式，对于老龄化的中国，有相当大的借鉴意义。

3. 国外典型国家及香港老年公寓模式分析

欧美各国由于传统个人主义的影响，注重发展社会养老设施，特别是美国迅速发展老年社区。而东方受到儒家思想影响的国家，为避免重蹈西方福利国家所经历的沉重财政负担的覆辙，试图寻求维系传统家庭伦理观念及尊老爱幼的社会风尚。因此，为了消除现代社会生活方式的改变、家庭观念的变化和家庭结构小型化的趋势对家庭养老环境的冲击与功能的削弱，亚洲国家对维护和改善家庭养老环境及创造新的居住模式作了许多的努力。

（1）日本的老年公寓模式

从居住模式上来说，日本为适应家庭核心化倾向，老少两代在生活上适度分离，而研发了一批供老年人与家人同居的新型住宅。这种“两代居”形态的亲子家庭住房空间关系大致可分为：

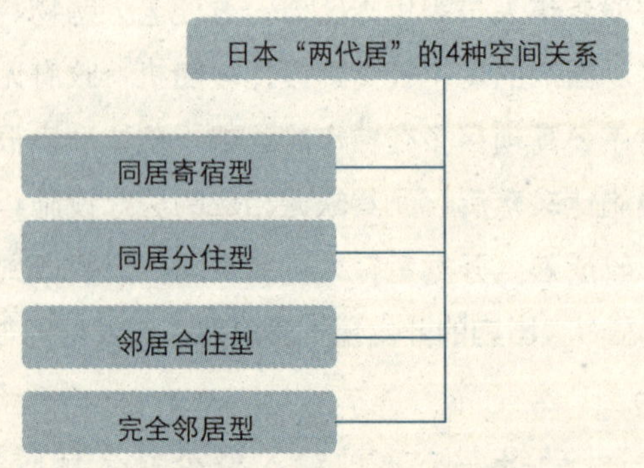

日本“两代居”的4种空间关系

①同居寄宿型：同户门、同厨房及起居室，老人居室仅附

厕所或简易烹调设备。

②同居分住型：同户门，厨房、浴厕及起居室全部分开各自配套。

③邻居合住型：分户门，同起居室，浴厕及厨房分用。

④完全邻居型：分户门，起居室相通，浴厕及厨房分用。

随着亲子居室和辅助使用空间独立成套程度的提高，两代家庭的独立性也逐步增强，因而上述4种形式其独立性随之增加，如此可适合于不同年龄和健康状况的老年家庭使用。

从居住形式上来说，日本的老年住宅又分为：

①国家建设地方管理的老年人住宅。

②押金式老年人住宅。

国家建设地方管理的老年人住宅属于福利型养老机构，由开发商开发的专供老年人使用的集合住宅，由政府出资征用，租给老年人居住并给予房租补贴。押金式老年人住宅由地方住宅供给公社出资建设，专供60岁以上的老年人家庭使用，并以押金方式提供使用权。

日本在老人福利与居住问题的对策上均表现了“先进”的姿态与成果。是因为人口老龄化较严重，而且“家庭主义”在西化、都市化的冲击下比其他亚洲地区似乎提早涣散。

日本除了社会福利设施网络较完善外，其最值得敬佩之处就是日本政府单位如东京都老人总合研究所，以及私人企业如积水社，均对老人居住的住宅设计花了相当的工夫，设想其设备依老人体能变化而弹性改变，以及与子孙家庭合住时，生活历程与住宅室内空间设备的弹性适应。

日本积水株式会社成立于1960年8月，世界500强企业之一，在日本设立有300多家分支机构，员工达2万多名，主要从事住宅的生产和建设，包括工业化住宅的设计和承建、房地产开发、建筑设计施工、内外装修工程、园林绿化工程等。

（2）新加坡的老年公寓模式

新加坡的住宅数量以建屋发展局所建的组屋最多。据统计，1990年新加坡就已经有87%的人口住在公共组屋内，而自有率达79.0%，租赁的仅8.6%。新加坡政府通过建屋局以及众多的组屋，对于鼓励子女与老年父母合住提出了不少办法，其作用不可忽视。

简要说明如下：

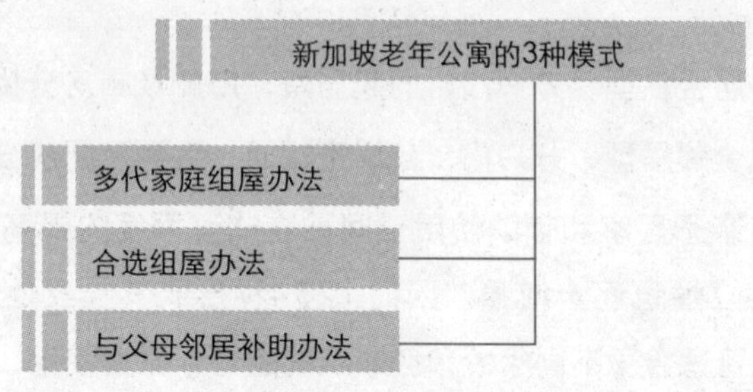

新加坡老年公寓的3种模式

①多代家庭组屋办法（Multi-Tier Family Housing Scheme）：此办法意在优先分配组屋给与父母同住的已婚子女，并给予其他各种优惠，如贷款可达售价的90%、较长的偿还期、订金额度减少、提前3年优先权等。

②合选组屋办法（Joint Selection Scheme）：此办法意在使已婚子女与父母（或兄弟姐妹）分别申请组屋，但得一起抽签，使两家人可以住在隔壁或是同一栋或在邻近地区，也可贷款售价之90%。自1978年开始实施，反应甚佳。

③与父母邻居补助办法（Housing Grant for Family-Staying Near Parents/Married Child）：首次购买组屋的人在与父母（或已婚子女）同一地区或2000米距离内购置二手组屋时，便可申请此项补助款。

新加坡建屋局鉴于一般民众购买力增强，推出的组屋面积与房间数越大越多，有四房、五房、Executive型及上下二楼型，面积约为105平方米、120平方米、145平方米、165平方米，附有两套至两套半的浴厕设备，这些大单元均可供三代同堂家庭居住。因为组屋价格比一般房屋市场的价格便宜很多，因此很受欢迎。除此之外，建屋局更与政府社会福利部、社区发展部密切合作，在提供老人社区活动中心、社区老人服务及设施网络上不遗余力。

社区发展部在社区提供了以下多项老人服务项目：交友服

务、辅导与顾问服务、日间中心、餐食服务、老人俱乐部、健康教育、健康检查、家庭护理、老人优待、居住照顾。

以上这些居住照顾的设施及社区服务，新加坡政府及学者、专家均在不断检讨，并且对未来的需求，各服务设施的未来发展也有预测，并制订相关计划。

美国太阳城社区室内健身房

美国太阳城社区增氧舞蹈室

(3) 中国香港的老年公寓模式

中国香港是东亚人口老龄化第二高的地区，一方面其经济发展蓬勃，另一方面英国社会福利制度的部分移植，也促使其在老人问题上的应对经验仅次于日本。第二次世界大战后，香港社会急剧变迁，随着现代化、工业化、西方文化观念的输入，中国传统的家庭主义被淡化，老人的地位低落，核心家庭越来越多。政府支配了房屋市场底层，存在着50%的香港老人居住于公屋内的特殊现象，公屋每个单元的居住面积仅16~33平方米，这样的面积大致也只能容许核心家庭居住。

香港特区政府在鼓励年轻人照顾长者的前提下，又希望长者能够老得其所，能够在熟悉的地方安享晚年，因此推出下列措施：

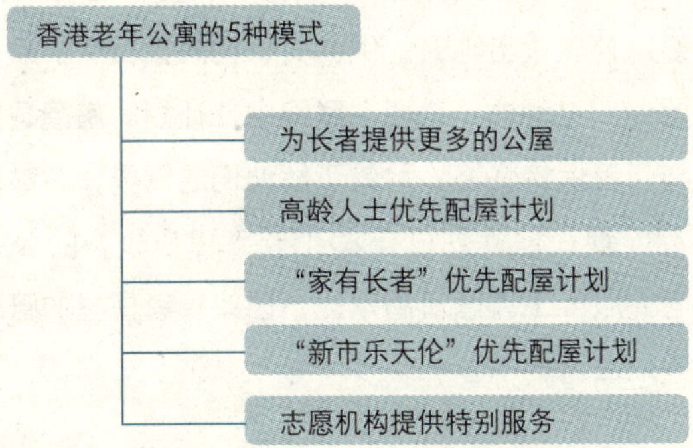

香港老年公寓的5种模式

①为长者提供更多的公屋。香港近年来兴建了一系列专为老者而设的单位，包括新式的小单位大厦和附翼大厦。把这些大厦纳入新屋内，让长者可与他们成年的子女分别于同层楼但不同的单位里居住。同时进一步发展“长者住屋”大厦，这类

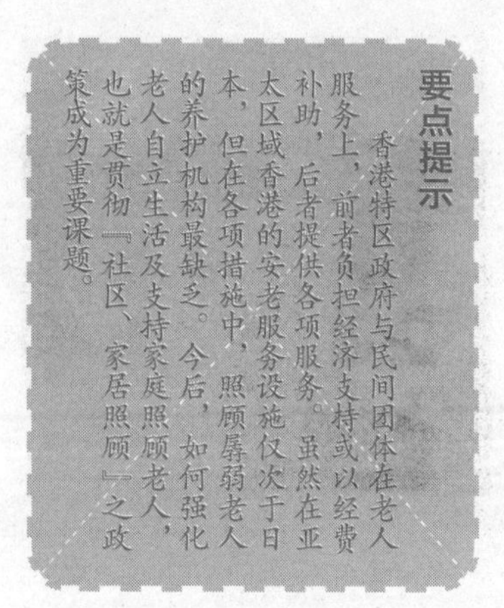

大厦的设计可容纳多类社会服务设施，例如，政府其他部门及志愿机构开办的日间社区中心及诊所。这些房屋提供“一应俱全”的服务，可让身体壮健的长者在熟悉的环境安享晚年。另外，房屋署正积极进行一些旧型屋的重建计划，以确保所有希望留居原区的长者租户，在可行的情况下，都能在区内的特定用途大厦获得安置。某些大厦的设计与新屋混为一体，除了配备各种服务设施外，还保留了原有社区的归属感。

②高龄人士优先配屋计划。申请人及年老亲属成员双方必须签署一份意愿书，声明以后一同居住，亲属担负照顾高龄亲属的责任。若日后发觉违反此条款，则所获的单位会被终止租约。

③“家有长者”优先配屋计划。申请书内成员应为不少于两人的家庭组合，且其中必须包括最少一位年老亲属成员。符合资格的家庭将提早3年获得配屋。

④“新市乐天伦”优先配屋计划。年轻家庭可以与年老父母或受其扶养的年老亲属，以一户或两户一同或分别申请新市镇公共屋内同一栋大厦的其中两个独立单位。符合资格的家庭将提早两年获得配屋。另外有居屋及自置居所贷款计划，若申请人与年长亲人一并申请，优先资格将获提高。

⑤志愿机构提供特别服务。志愿机构提供服务，照顾长者的特殊需要。公屋拨出地方，供有关机构开设日间护理中心之类的设施。此外，也举办一个屋主联络主任计划。房屋署的屋主联络主任会与长者保持联络，尽量了解他们的需要，并鼓励他们参与社会活动。现在该计划已在25个长者租户较多的公共屋中推行。鉴于老人服务工作已日趋专业，已将长者住屋的管理工作外包专业机构或公司。

（4）美国的老年公寓模式

美国人意识到银发产业带来的机会，首先是老年住房业的需求。老年人口的增多意味着适应这一人群住房需求的增多。1980—1990年，护理院和其他老年住房增加了24%。辅助生活机构是老年住房市场里近期发展最快的部分。1990年该部分的收入为125亿美元，2000年约300亿美元。这个行业的70%是以“妈妈一爸爸”式的运营方式运营，类似于我国的民办家族式养老院，排行在前的却是一些著名的房地产商。据统计，排在前30名的辅助生活机构供应商拥有全国约24%的床位数。1999年时排在前5位的辅助生活机构，在全国各州的床位数均超过了10000张。比如，排居第三的Marriott，总共拥有11603张床位分布在全国29个州150家Marriott品牌的养老院里。

美国养老住宅业作为一个产业持续发展的重要原因，是在法律上有一套鼓励、监督机制来保证养老机构的高质量服务。该鼓励监督机制体现在两个方面：一是有一套完整和不断发展的评估体系；二是有相对独立的监察员体制。

国外老年公寓的阅览室

政府给老人的医疗保险和医疗补助可以支付老人们在护理院入住的部分开销，这笔费用由政府发放到护理院。护理院想要得到政府的资助，就必须符合政府的各项规定，并且在每年的质量评估中达标。政府的主管部门每年对养老机构进行审查，只有符合审核标准、质量评估达标的护理院才有可能得到政府的医疗保险和医疗补助。由于联邦和州政府的资助是通过各种税收得到的，实际用的是纳税人的钱，因此每一个纳税人都有权要求政府对养老机构采取鼓励和监督措施，最终得到高质量的服务。

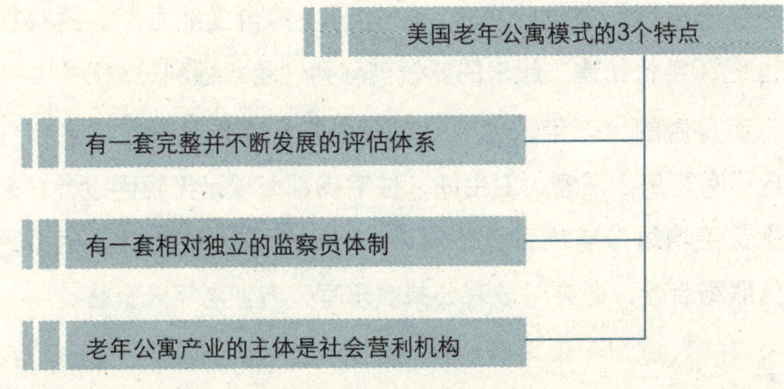

美国老年公寓模式的3个特点

对辅助养老机构而言，如果要想得到某些医疗补助资助的

项目，也要符合规定和标准。大部分辅助机构没有政府的支持，主要遵守市场竞争的原则。

一方面是政府对养老机构的直接监察监督，另一方面是政府施行美国老人法，拨款给监察员项目。由监察员和入住养老机构的老人直接接触、交流，来保护老人的合法权益，以及监督改善养老机构的服务质量。如果老人对入住的养老机构服务质量不满意，一般来说，先在养老机构内部设法寻求解决。如果仍然不能满意，可以在监察员那里申诉。美国养老住宅产业是一个发展了几十年并比较成熟的行业，产业的主体是社会的营利机构这一事实，值得仔细研究和探讨。

国外老人在老年公寓公共区域活动

（5）丹麦的老年公寓模式

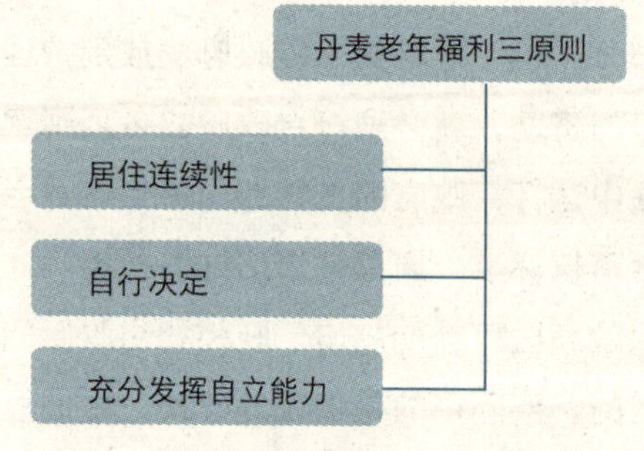

丹麦老年福利三原则

丹麦为老年人提供居住和福利的基本政策有3个概念，即“居住连续性”“自行决定”“充分发挥自立能力”。这种在20世纪80年代初建立起来的要领被称为“老年福利三原则”。

而丹麦的《老年人住宅法》对住户标准作了规定：老年住宅应设有厨房、浴室、卫生间，住宅内部必须是无障碍设计，必须保证平均每户建筑面积在67平方米以上，必须有24小时紧急通信联络装置，必要时设有公共娱乐室，方便老年人交往。

（6）德国的老年公寓模式

德国的老年住宅分为两种体系。社会住宅体系里的老年住宅，内部多为无障碍设计，政府对老人住房采取补贴措施。在生活援助方面，老年住宅房产主与民间福利团体签订提供服务的合同。该合同可成为房产主获得建设资金贷款的融资条件。养老院体系里的老年住宅，以生活能够自理的老人为居住对象，是一种接近住宅形式的养老院。在规划上，设计者把社会体系的老年住宅和养老院毗邻建设，以便在设置服务网点和急救站时，两者能共用。

德国某老年公寓规划效果展示

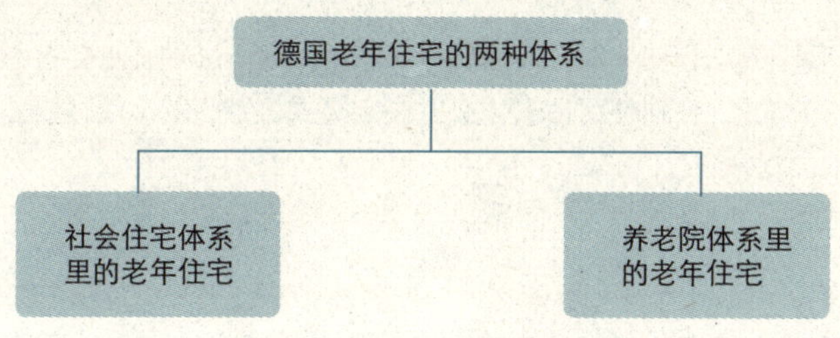

德国老年住宅的两种体系

（7）法国的老人公寓模式

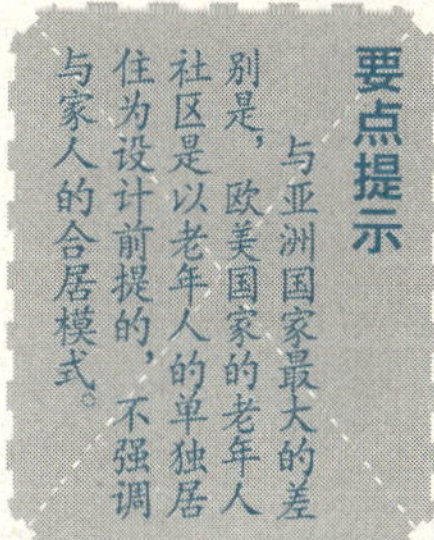

要点提示

与亚洲国家最大的差别是，欧美国家的老年人社区是以老年人的单独居住为设计前提的，不强调与家人的合居模式。

人类历史上最早进入老龄化社会的就是法国，当1850年欧洲产业革命即将胜利的时候，法国60岁以上老年人已占人口的10%，进入了老龄化社会。法国也是欧洲人口老龄化国家的典型。

特色鲜明的老年酒店式公寓是法国解决老年人住房问题的主要模式。在这种酒店式公寓中，配套设施完全依据老年人的需要设计，如防滑设施和无障碍设施等，服务人员远远多于酒店或酒店式公寓，老年人可以根据自己的需要选择长住或短住。

我国老年住宅具有4种开发模式

从我国的老年住宅的开发情况看，老年住宅可选模式主要有原宅适老化改造模式、新建住区适老化通用住宅模式、专门老年住区模式和老年公寓模式。

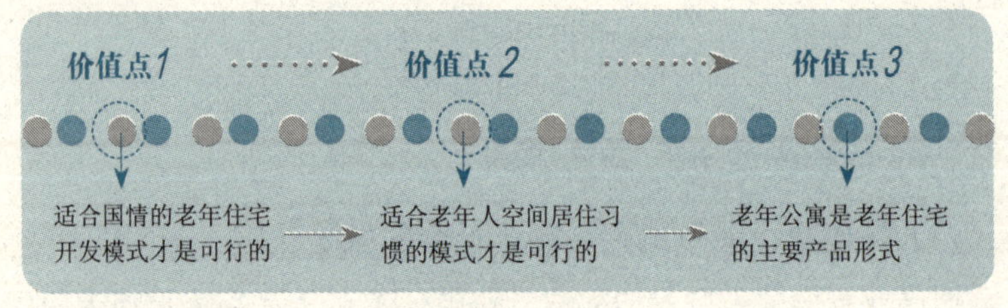

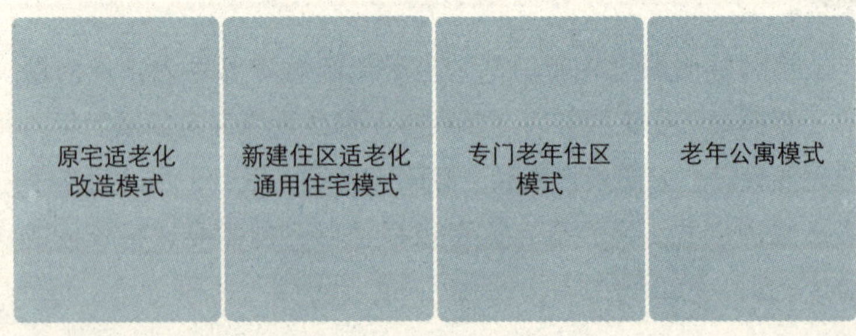

我国老年住宅的4种开发模式

1. 原宅适老化改造模式

一般是政府资助或全额拨款建设的、针对老人不同的健康状况而提供的社会公共养老设施，如福利院、敬老院之类。主要针对无依无靠的困难老人，起到政府的救助保障职能，同时也向为社会作出过贡献的老干部倾斜。

2. 新建住区适老化通用住宅模式

即在新建住区中开发部分老年住宅。比如，在小区中拿出一两栋开发老年住宅，在一栋楼中拿出部分单元开发老年住宅，或者在同一个单元中拿出部分楼层做老年住宅套型——国内通常称为“居家养老”。这种方式适合各种各样的老年人，尤其是夫妇俩人健在、身体健康的老人。

3. 专门老年住区模式

新建的专门为老年人服务的大规模老人居住区或老人村，包括独栋别墅、双拼别墅、高档公寓、一般老人住宅等多种建筑形态，邮局、超市、护理机构和银行等相关配套一应俱全。在国外，这种社区由于规模大、配套设施完善而备受老年人的青睐。例如，著名的有美国的太阳城中心，坐落于佛罗里达西海岸，从1961年开始开发建设，现已成为全美最好的老年社区。

国外集合老年住宅实景之一

老年社区的基本要素如下：

①居住空间设计必须要照顾到老年人特殊的生理、心理状况。

②无论是单独的住宅还是大型的社区都必须配备丰富的精神文化设施。

③老年社区必须具备满足不同阶段老年人需求而改变空间形式的特性。这种可改造的空间能够适当调整住宅的空间和功能，日本提出的“百年住宅”和“长寿住宅”，就是通过改造住宅空间来适应人生不同阶段的居住需求。

案例 上海金色港湾老年公寓

有些新潮的老年社区会进行更深层次的探索，用艺术来丰富老年人的业余生活。以位于上海南汇的艺术主题居住社区——“艺泰安邦”为例，小区从建筑、园林和会所等方面融入艺术元素。此外，作为社区主体建筑，8000平方米的“刚泰艺博中心”，不仅是集中展示艺术珍品的展示中心，也将是艺术领域以及周边社区的艺术活动中心和教育中心。老年人徜徉其中，不仅可以看艺术品展览，还可以参与艺术文化交流和艺术学术培训。上海书法家协会、上海美术家协会、中国工笔画协会上海艺术创作基地也建立于此，老年人在闲暇之余，在社区内便可体会艺术带给身心的双重愉悦。

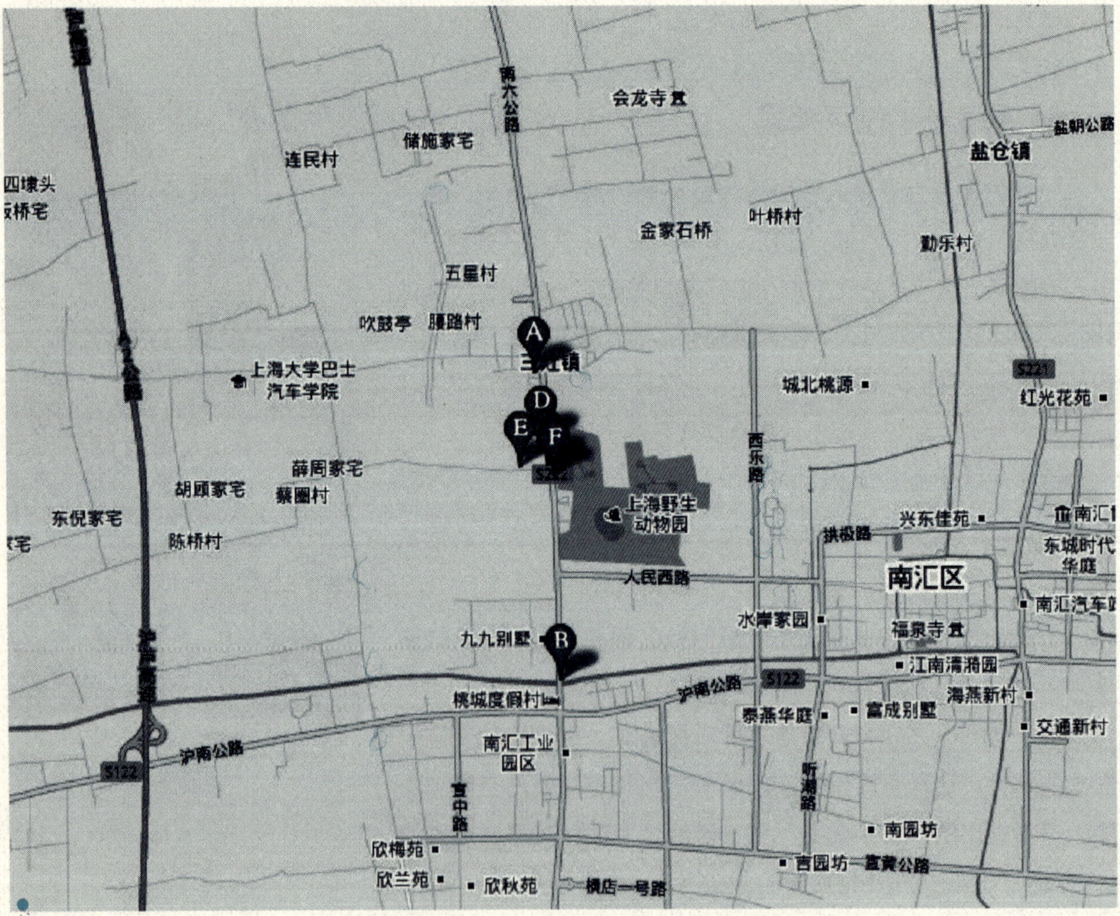

艺泰安邦位于上海南六公路，由上海刚泰置业有限公司投资开发。小区共计86栋建筑，其中65栋多层、小高层和高层建筑，21栋小别墅及涵盖多功能会所等

4. 老年公寓模式

老年公寓是一种新的居家养老方式，不仅拥有分散的居家养老所没有的各类保障服务设施，让老人既住得安心、舒心，又能拥有一般养老机构所没有的家庭氛围。其优势明显主要体现在：减轻子女养老压力，提高社会效益；有利于老年人身心健康；服务专门化、系统化，使老年人生活质量大大提高，真正实现我国提倡的“五有养老”；老人仍拥有自己的居所、配置自己喜欢的家具，让老人既有“家”可归，又能享受一般住家无法享受到的配套服务。

老年公寓兴起于北欧一些国家，20世纪90年代在美国一些城市发展起来，成为房地产业的新兴领域。近几年，中国的北京、天津和大连等城市也相继建成老年公寓。随着经济的发展、人民生活水平的提高以及观念的变化，老年公寓的市场需求在不断增长，同时也正在成为楼市中新的亮点。

银龄公寓实景

老年公寓现已盛行于发达国家，如美国、加拿大、瑞典、荷兰、日本都有一定规模大、中、小相结合的新型老年公寓。它们一般是由面积不大，但功能比较齐全的独立单元居室组成，内有厨房、卫生间等设施，使老年人能在居室内独立生活。公寓内设有食堂、洗衣房、活动中心等公共服务设施，为老年人提供相应的服务。我国发展起来的老年公寓，大多属于这种类型，但在具体的服务标准上，与发达国家有差距。

公寓式住宅最早是舶来品，相对于独院独户的别墅，更为经济实用。早期大城市的公寓式住宅都是高层大楼，每一层内有若干单户独用的套房，包括卧室、起居室、客厅、浴室、厕所和厨房等，主要供当时中等收入的高级职员、政府公务员居住；还有一部分附设于旅馆酒店之内，供一些常常往来的中外客商及其家眷短期租用。我国早期的公寓式住宅已经具备现代城市单元式住宅的雏形。当时建造的这类住宅，其特点是一套单元内房间多，通常有三四间；面积大，每间14～18平方米；净空高达3～3.4米，厨房功能全。但这种住宅与我国的居住水平不符，户

国外集合老年住宅实景之二

型规模不符，以后逐步演变成几家合住，共用厨房的居住模式。

随着时代的发展、人民生活水平日益提高，老年人的消费观念也应该有所改变。在经济条件允许的前提下，他们希望不断改善自己的生活条件，努力提高自己的生活质量，能够居住在环境优美、服务设施齐全、交通便利、生活就医有所保障的住宅中。

然而，长久以来，房地产商只把注意力放在年轻消费群体身上，忽略了老年人的消费力。其实老年人的消费能力也是相当可观的。尽管对于老年人是以单位为依托混合性居住还是以老年公寓形式独立性居住仍然存在争论，但低密度、高舒适度、复合功能型老年公寓综合项目，对于普遍收入基础较好的退休人员来说，无疑更具有吸引力。

公寓式住宅，从建筑设计形式上属于淘汰之列，但由于这类住宅建设较早，市政设施和公共配套水平高，又多位于市中心区，在住宅市场上仍比较抢手。这类住宅室内空间大，可以通过内装修来增强使用功能。

老年公寓的室内布置

（1）按功能区分，老年公寓模式具有3种主要类型

这种老年住宅形式多样，情况比较复杂，如我们国家的敬老院、养老院、托老所、护理所等。概括起来，主要有3种类型：

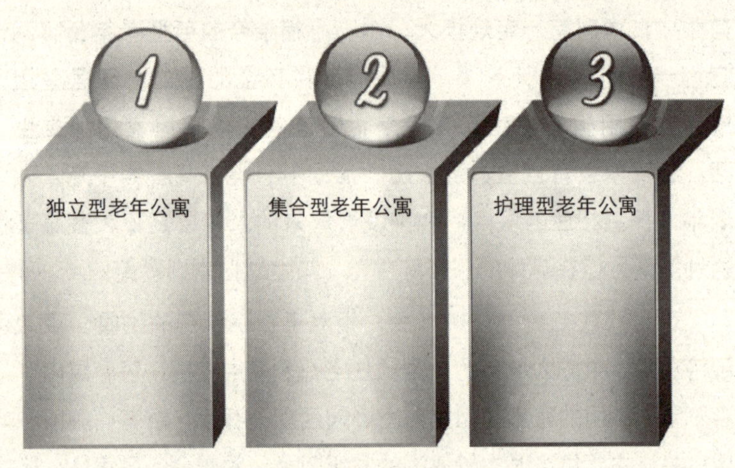

老年公寓的3种主要类型

第一类型：独立型老年公寓

独立型老年公寓主要供有自理能力的老人居住，造价较低，与城市社区服务设施距离较近，交通便捷，如荷兰的WoZoCo老年公寓。住独立型的老年公寓和住家里相比有以下

国外集合老年住宅实景之三

不同：一是住房面积较小；二是没有了大量室内外劳动；三是做饭方便；四是医护规范。

第二类型：集合型老年公寓

有专门的服务人员为老年人提供除医疗、护理外所需的服务，住宅内有方便、安全的社交娱乐场所和公共食堂等各类设施，并有完备的保卫和报警系统。

第三类型：护理型老年公寓

该类公寓提供全日制的护理和医疗服务，建筑按无障碍设计，卧室卫生独立，起居室和厨房共用。

荷兰阿姆斯特丹WoZoCo老年公寓

国外集合老年住宅实景之四

（2）按投资主体区分，老年公寓模式也有3种类型

按照投资和经营主体划分，我国目前发展起来的老年公寓大致有：政府办老年公寓，政府投资、个人运营型老年公寓和社会力量办老年公寓这3种类型，它们在服务设施、资金来源和经营管理等方面各有异同，发展状况也各有差别。

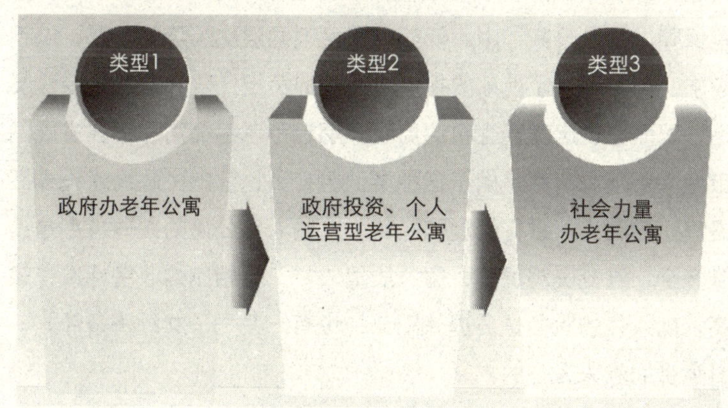

老年公寓按投资主体分为3类

第一类型：政府办老年公寓

这类老年公寓由政府投资兴建，并作为经营主体对公寓实施经营管理。新中国成立以后，我国政府在养老福利设施上，主要是针对“五保户”和“困难户”等对象所建立起来的敬老院、养老院等，随着人口老龄化程度的加深，市场经济的逐步

发展，政府在养老福利设施方面的认识开始发生变化，并且开始鼓励“社会福利社会化”，鼓励社会力量参与兴建老年福利设施，但在以政府为主要资金来源和主要经营者的老年公寓等养老设施也在逐渐增多。

政府办的老年公寓是采取全额事业拨款。公寓的管理、护理、服务的人员多，周围的环境好，设施内老人学习、健身、娱乐的各种场所、设备齐全，而且管理规范，对外声誉好，入住率一般保持在90%以上，在用地、用水、用电和税收等方面的优惠政策也能够较好地执行。但由于管理人员多、成本高，在运营方面往往存在资金不足的问题。

要点提示

地方政府在实施养老住宅开发中，充当了重要角色。比如，山东威海市环翠区老年公寓就是由市民政局和区民政局合资建成的。又如河南郑州，由政府投资兴办了『河南省社区老年服务中心』，占地6.7万平方米，建筑面积1.3万平方米。作为河南省的一个示范性和综合性的老年公寓，它面对的服务对象主要是离退休且能生活自理的干部。

第二类型：政府投资、个人运营型老年公寓

这种类型老年公寓的主要特点就是由政府来划拨土地，由政府来投资兴建老年公寓的基础设施，但在经营管理上则采用聘用制，招聘社会人员来进行经营管理。

一些地区的经验表明，由政府部门建设基础设施，招聘人员进行经营管理，这样硬件起点高，护理人员稳定，服务质量有保障，并且分高、中、低档以满足不同层次人群的需要，供不应求，因为解决了前期的投入，运营的负担比较小，加之经营灵活，因而呈现出勃勃生机的局面。烟台市老年公寓和福建省厦门市金尚老年公寓都是属于这种类型的公寓，它由民政局建设基础设施，招聘人员进行管理和经营，这些老年公寓的共同特点是设施齐全，漂亮美观舒适，服务质量较好，但相应的收费标准也较高，能入住的大多是离退休干部，也有一些是子女经济条件好，愿意资助老人入住的。

但是这类设施也存在很多困难。如医疗问题，老年公寓的定点医院和医保的定点问题有矛盾，产生人为的制约。医养结合才能使老年人安度晚年，政府应该考虑采取类似“一卡通”的医保方式，来更好地解决这个矛盾。

第三类型：社会力量办老年公寓

由于“社会福利社会化”政策的鼓励，近几年，由社会力量兴办的老年公寓发展较快，有些已初步形成了一定的规模，为我国老年福利设施的社会化与市场化开辟了前进的道路。

这些由社会力量兴办的老年公寓，有些是通过改造以往的废旧设施，盘活不良资产改建而成，如济南市的康乐老年公寓。康乐老年公寓是通过改造原来已经停产的皮鞋厂的车间和行政办公楼而建成，现有床位100张，已基本住满；有些是由企业投资兴建，如青岛的夕阳红老年公寓，就是由青岛夕阳红创业中心有限公司投资建成的；还有一些个人或集体兴建的老年公寓，如郑州市爱馨老年康乐苑就是由个人筹集资金建立的。而像威海的戚家夼老年公寓，则是这个村子集体兴办的老年公寓，它们以村里的龙头企业文笔峰集团为资金来源，每年给老年公寓投入资金20万～30万元，作为本村老年人的一种福利，70岁以上可以入住，个人只须缴纳费用的1/3，即520元/月。

像这样由企业、集体或个人等社会力量兴建的老年公寓在大部分地区都有实例，并且随着非公有制经济的发展，以及社会福利社会化政策的实施，社会力量兴办的老年公寓正在逐渐增加，并取得了明显的经济效益和社会效益，还出现了几种不同的兴办模式，即“温州模式”“上海模式”和“广州模式”。打破了传统的由政府举办、政府拨款、政府派干部管理的旧模式。

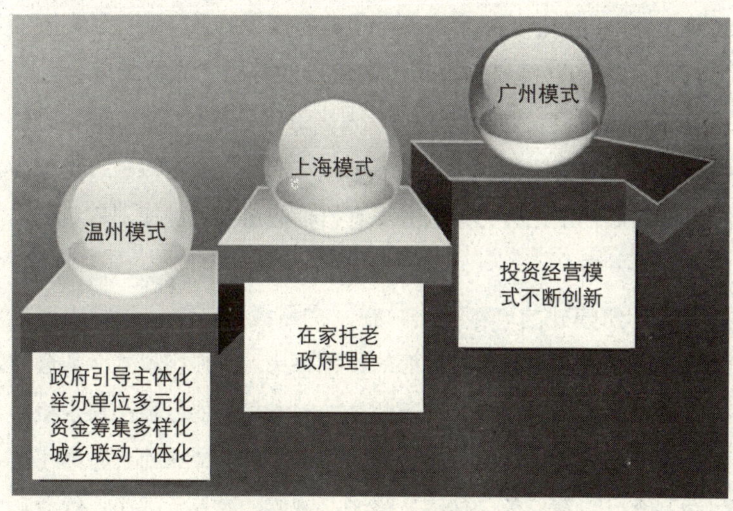

国内主要的3种老年公寓实践模式

①温州模式的老年公寓。“温州模式”的主要特点就是“政府引导主体化、举办单位多元化、资金筹集多样化、城乡联动一体化”。

政府引导主体化，政府主要发挥规划、组织、指导、协调和监督作用；

举办单位多元化，由国家单一包办，逐步向国家、集体、社团、民间、个体、港澳台同胞一起兴办的方向发展；

资金筹集多样化，由政府单一拨款，向政府拨款、企业赠款、社会捐款、销售福利彩票等多渠道集资方向转变；

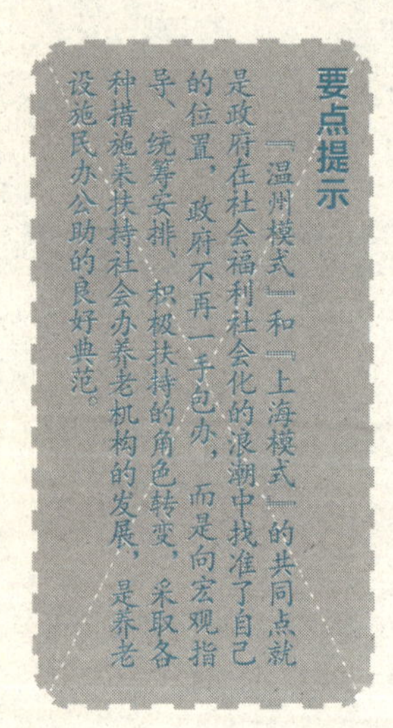

城乡联动一体化，倡导农村敬老院和老人公寓联办，建立小城镇社会福利中心，建立各类志愿者服务队伍，积极探索“载体启动、社区联动、居家欢度”的“三环一链”的社会化模式，取得了良好的社会效益和经济效益。

②上海模式的老年公寓。上海模式的主要特点就是“在家托老，政府埋单”，把政府的优惠由暗补提升为明补，采取民办公助的方式，极大地促进了社会办养老机构事业的发展。

上海浦东新区出台了《浦东新区社会办养老机构资金补贴暂行办法》，该办法规定：在上海浦东新区注册的非营利性社会办养老机构，将得到资金补贴，其补贴主要用于开办经费和运营经费；开办经费根据社会办养老机构的规模给予补贴，最高限额为20万元，运营经费根据床位数内所收养的老人数给予补贴，每收养一位户籍在浦东新区的老人，每月补贴100元。这种方法将政府的优惠货币化，缓解了养老机构的部分资金短缺，更重要的是，它鼓励了社会力量兴办养老机构的热情，促使了养老机构的进一步发展。

③广州模式的老年公寓。在“广州模式”中，则突出表现了经营者在适应市场经济方面的种种举措。“广州模式”的最突出特点就是投资经营模式不断创新，养老机构的发展凸显生机，如广州寿星大厦。广州寿星大厦是由广州尊老康乐协会与广州友好医院合办，集托养、住宿、旅游、度假、疗养、娱乐、饮食和

保健等于一体的多功能宾馆式民办老年公寓。

广州模式在投资经营模式上不断创新，利用滚动发展的方式，不断扩大再生产，利用市场经济的杠杆，形成养老服务的产业化、市场化的可持续发展模式。他们采取入住老年人一次性购买公寓使用权的办法，购置费从15000～30000元不等，由于费用较低，大多数老人能够接受，而且寿星大厦可以较快地回收资金，进一步扩大投资，这种采取滚动式的发展，解决了绝大多数民办养老设施资金短缺、入住率低、经营亏损等恶性循环的局面，取得了较好的发展。

国外集合老年住宅实景之五

温州、上海和广州的3种模式，虽然发展的形式不同，发展方向各异，但他们可借鉴经验是：在目前的情况下，政府在政策、资金等方面的支持，是社会办养老设施发展的根本基础，而先进的经营理念、灵活的投资模式则是社会办养老设施进一步发展的有力保障。但是值得注意的是，对于绝大多数社会力量办的老年公寓来说，它们还面临着诸多困难：如贷款有限，资金来源不足；政府给予的支持有限，优惠政策难以切实执行；各种社会力量办的老年公寓缺乏统一的行业标准，发展参差不齐，在市场环境中应对风险的能力较弱等，迫切需要得到进一步的解决。

虽然，各地打着“老年公寓”旗号的养老机构在最近几年涌现出了不少，但由于这样的“老年公寓”依然带有强烈的社会福利色彩，所以它与真正意义上的作为一种商品房新产品出现的老年公寓还是有其本质差别的。不过，这种作为纯老年居住住宅的“老年公寓”，作为发展程度较高的新开发项目已引起有关方面的充分关注。

老年公寓项目选址10大特点

良好的生态环境能满足老年人的生活行为和操作要求，又具有安全感，具有健康性、灵活性、方便性、回归自然性，让老人在良好的环境中愉快地度过晚年，因而对老年公寓项目选址有特别的要求。

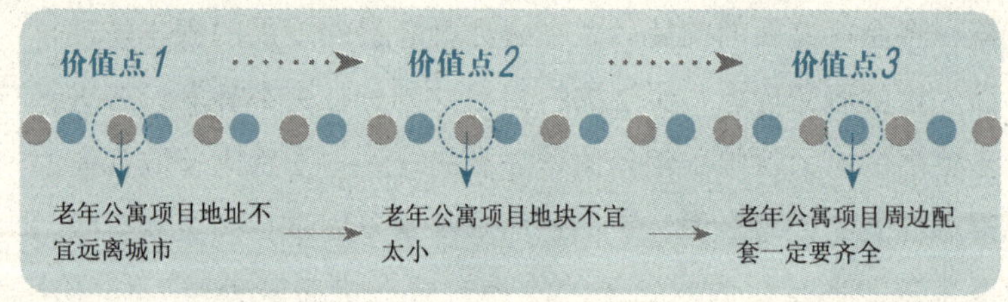

老年人喜欢安静、淡泊、朴素、平静的生活，对物质要求不高，不愿地处闹市和商业区、工厂区，与子女的居住要求差异较大，同时老年人怕孤独，在相对集中的老年公寓，子女上班上学后，老人们仍有同龄伙伴、共同话题、共同乐趣。由于老年人的生理特点，特别要求住宅修建在城郊交界处，环境优雅、依山傍水、空气清新、交通方便的风景区，要有广阔的绿化带，做到见绿不见尘，抑制尘土飞扬，这样的环境能使老人心情舒畅。

在实战中发现，以下选址要点，是操作老年公寓项目时必须注意的。

1. 地形要求

地形应尽可能平坦，以减少陡斜的步道、坡道或踏步。相对平坦的现场可促进步行，这是一种高度理想的运动。

2. 周边环境

周边不应紧临主要交通干线为界，以便于购物、逛公园时不必穿过主要街道。

阿姆斯特丹老年公寓的外窗台设计实景

3. 商业设施

基本的商业设施，如超市、干洗店和药房等，应尽可能邻近并易于前往。

4. 公共设施

基本的地区公共设施，如文化馆、保健服务和娱乐设施等都要易于前往。就此而论，应注意对许多老年人来说其最大步行半径应为0.804千米。

5. 公共交通

公共交通应直达建设场地，因为许多为老年人服务的项目，如专门的就医条件，往往不在本区而在其他区。

6. 场地要求

场地不宜直接邻近学校或儿童游乐场，或是青年与成人所活跃出入的娱乐区。

7. 场地面积

场地应有足够的面积，以满足开展户外静止性与运动性的娱乐活动的要求。

8. 土地利用模式分析

整个土地的利用模式依照可能的趋势及预期的计划，是否

美国安娜堡峡谷继续关怀退休社区

有发生改变的可能性。

9. 地块规模选择

地块规模宜大不宜小，小则6.67万～13.3万平方米，大则33.3万～53.3万平方米，因为老年人虽需要安宁，但更害怕孤独，老年人需要医疗，需要社团活动，需要社群文化，需要对外交往，需要家政服务，需要终极关怀，需要一个人生命全新阶段开始的精神感觉。只有那种大规模的老年社区，居住人口多，才有条件满足老年人的这种生理和心理需求。

10. 地块区域选择

地块距离城郊3～5千米，距离中心城区10～15千米为宜，老年人住宅不宜选址在非常偏僻处，不能只要求环境清静而简单地把老年住宅与社会隔离起来，更不能盲目地将其建在偏僻荒漠的远郊区，因为这样一来，老年人经常面对或老或病的同伴，看着他们一个个离去，看不到充满活力健康的人群，心理将会承受很大的压力，不利于身心健康。

老年公寓规划4大要点

老年社区要有针对性地为老年人的不便进行一些特殊的规划，从社区规划、绿化景观和交通布局等方面为老年人考虑，达到方便他们生活的目的。

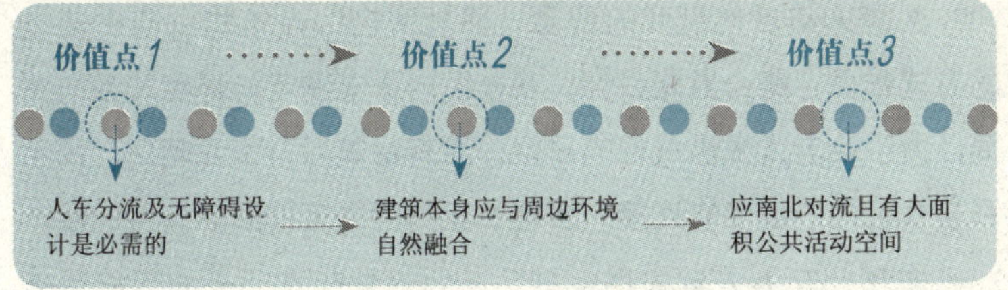

老年人一旦进入黄昏期，大多会产生失落和忧伤感，这会极大地损害他们的身心健康。因此在设计人居环境时应充分认识到这一点，并在规划设计时有选择地与儿童、青年人的活动场所相结合而进行布置，以丰富老年人的生活内容，要让老年人能看到青年人和幼儿的身影和嬉戏，这可造就他们的身心健康。除此之外还应加强家政服务建设，建立家政服务制度、健康管理制度和社会福利保险等，把工作做到每个老人的身边。

1. 老年公寓社区规划要点

道路人车分流，避免老人的行动不便而与车发生碰撞，无障碍设计为老人的生活处处提供方便，开阔空间活动场所为老人提供户外活动空间，增加休息坐椅，方便老人随时休息。

老年公寓社区在设计中应充分考虑无障碍设计，在社区服务中提供高水准的服务，使之成为养老居住的理想家园。在规划

设计中结合地域的风土、气候等自然因素，充分体现地域性。

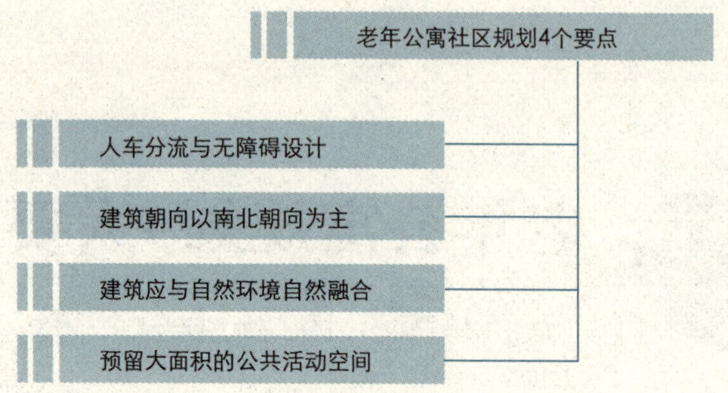

老年公寓社区规划4个要点

围绕人与自然亲和的理念，将社区内的建筑物以自由曲线的方式布局，集合道路设计，在社区内形成建筑与环境和谐的布局。为了给老人提供最好的日照，所有建筑均为南北朝向，用水系将社区内的建筑物连接，使得社区内的建筑物形成自然连接。

老年公寓为老年人提供高品质的养老生活，一方面提供适合老年人居住的住宅环境，另一方面提供完善、周到的人性化的社区服务，这是老年公寓差异化经营的必备条件。老年公寓的社区服务水平可以分为必备层级、完备层级、完善层级，其中必

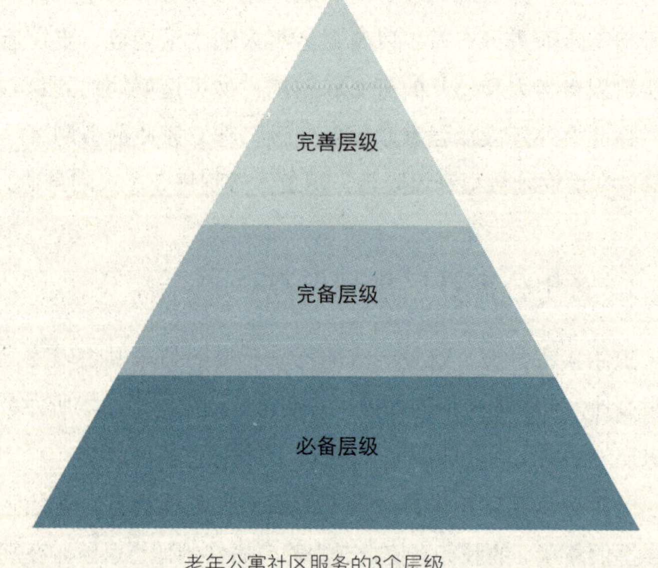

老年公寓社区服务的3个层级

备层级是老年公寓达到为老年人提供安全、便利的服务内容；完备层级是老年公寓为老年人提供尊重人性的、规范的服务水平；完善层级是老年公寓开发具有前瞻性服务项目，形成与其他同类型的养老机构差异化经营的基础。

例如，在社区家政服务方面，必备层级要为老年人提供适合老年人特点的无障碍的购物场所及丰富的、高品质的商品，满足他们安全、便利的购物需求。完备层级要达到根据老年人购物特点，提供免费送货上门等人性化的、规范的服务。完善层级要达到根据每户老年人的消费习惯、购物频次，主动提供个性化服务。概括而言，4项规划要点和完善的社区服务赋予了钢筋水泥灵性，提升了老年公寓的附加值，奠定了老年公寓的差异化经营的基础。

要点提示

老年公寓开发为中高经济实力的老年人提供了高品质的养老方式，在我国属于新鲜事物，老年公寓的特点导致其运营模式具备创新性、复杂性，因此要结合我国老年人的需求特点和国外老年公寓的运营经验，从市场定位、销售方式、社区服务方面探索适合老年公寓『福利性事业、商业化』特点的运营模式。

2. 老年公寓社区组成元素

通常来说，老年公寓社区包括如下一些元素。

①多层公寓为主。

②多功能综合楼（老年大学、老年活动中心）。

③配餐中心（就餐、配送）。

④休闲茶栈（品茗、座谈、棋牌等活动）。

⑤老年医院及护理院。

⑥会所（游泳池、健身房、水疗馆、会务活动中心）。

⑦商业街（设有小超市、理发店、洗衣店、鲜花店、老年用品商店等）。

⑧绿化景观（绿化覆盖率50%以上；乔木、灌木、花卉、草坪；假山、小湖、喷泉、凉亭等）。

⑨风雨连廊（公寓与公寓，公寓与会所、配餐中心、老年医院及护理院之间相互连接）。

⑩户外活动场地、停车场。

老年公寓社区里的园林景观之一

老年公寓社区里的园林景观之二

老年公寓社区里的园林景观之三

3. 老年公寓绿化景观理念

景观设计上注意体现出小区内人与自然和谐的设计理念，绿化周边结合房屋布局，呈自然曲线；用水系将建筑物之间联系起来，使得该区域内的建筑和自然可以很好地统一和协调；在绿化设计上力求体现现代都市人群对郊区田园生活情趣的向往，用尽可能多的绿化使小区内的生态环境与自然气候相符合，达到一种田园生活的居住理念。

在环境设计中还特别考虑到社区是针对老龄人群，按照无障碍规范设计，使得居者能生活愉快、心情舒畅。

4. 老年公寓的交通布局要点

通常来说，老年公寓社区应当规划为人车分流，小区内应设无障碍环行步道；人流入口处设置在离公交车站较近的位置。

建设具有东方人文色彩和浓郁古典风情，又具现代时尚感的、静谧的居住氛围。绿化配置以东方古典园林常用的竹、松、梅等为主。

集中绿化由开阔的草坪绿化和具有集合功能的大小型广场组合而成。

合理的规划布局是实现各种功能的基础，对老年公寓而言，

其主要的客户为老年人，因此只有在功能布局、小区规划等各个环节体贴老年人，才能真正实现老年公寓的各项功能。

老年公寓的外立面

老年公寓公共草地

老年公寓配套7大组成

老年社区内要配备正规定点医院，该医院应具备治疗、抢救、咨询的功能，这是关系老有所养的重要保障，是老年人进住社区最关心的问题之一。

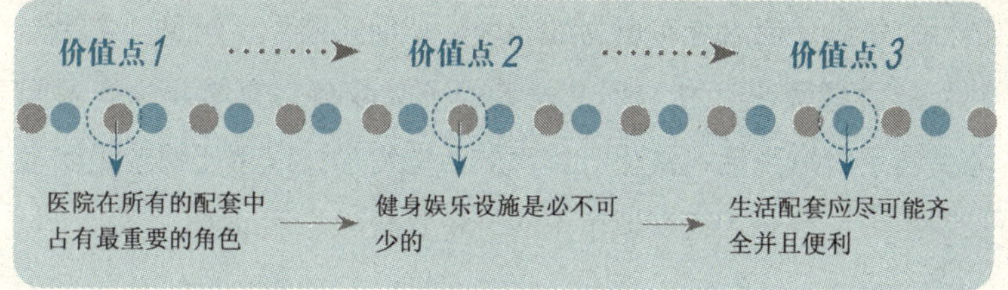

老年公寓宜为低层小高层（有电梯）或平房有小院落，而不宜高塔楼，住房面积以合室、一室、二室小套房为主。道路要无障碍设计，户内有紧急呼叫与电子安防系统。居室要阳光充足和通风顺畅。老年公寓要有完备的配套设施和服务，如医院、健身娱乐、文化教育、图书资料、购物中心、银行、邮局、交流活动、家政服务等。

老年公寓社区里的健身设施

1. 智能化配置

在智能化配置方面，可以配置诸如：红外线保安系统、对讲门禁系统、闭路监控系统和门禁管理系统等安防系统；每户（间）设置无线呼救系统，内部小总机；无线定位求助系统；社区“一卡通”服务；防盗紧急救助系统（防盗门磁、红外线报警装置）、防火烟感系统、煤气泄漏报警装置；宽带网络系统、数字电视；楼宇设备监控系统；社区内较为密集的定点设

老年公寓的智能控制

置SOS的紧急呼叫系统；考虑部分残障人士的需求，设置盲道等通道；电子公告板（中、英双语）、背景音乐及紧急广播系统；车辆管理系统；远程抄表系统。

老年人在公寓里锻炼

2. 会所配置

老年公寓里除了常规的洗衣中心、社区服务中心、医疗服务中心和家政服务中心等之外，还应规划设计有“国际会议中心”：定期举办大型的国内、国际性的各类研讨会和活动；多功能厅：满足日常的观看电影、唱歌、跳舞和晚会等；“创业天地”：充分调动老人参与社区管理的积极性，发挥老年人的专长，力争满足老人老有所为的心理；“幼儿园”：满足“含饴弄孙”的心理需求，并方便共居者的子女教育；文体娱乐竞赛园地：满足日常生活、文化、体育的活动需求；以单元幢或组团家长制组织：给予人们在城市中的一种参与感与活动力。

老年公寓里的休息室

3. 电梯配置

老年公寓里的电梯宜多采用医院专用的长方形柜形电梯，方便担架搭乘；电梯按键上也应有普通位置的按键设置，也会增加为残疾人或是行动不方便的老人专门设置的电梯按键；电梯播报的声音也会比普通电梯大，以照顾听力不太好的老人。

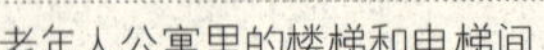
老年人公寓里的楼梯和电梯间

4. 商业配置

以特色主题文化商业设施配合生活服务功能商业。除针对一般居民的配置外，需提供针对老年人及休闲、文化、观光的特殊商业服务。比如，当地特产店、特色餐饮店、花鸟店、古董艺品、戏曲茶楼、医疗保健用品商店、特色服装店和书店等。

5. 配套设施

集养老、度假、居住、文化、休闲、娱乐、购物、学习、创业和健身于一体。

老年公寓社区内的游泳池

配套设施详细情况

类　别	项　目
生活配套设施	超市、菜场、美容美发、洗衣房等
服务设施	医疗保健中心、餐饮、茶室等
娱乐设施	阅览室、多功能娱乐厅、棋牌室等
医疗保健设施	诊所、医疗室、医疗咨询等
健身设施	室内游泳池、健身房等
文化设施	老年大学、藏书阁、书法绘画厅等

6. 老年医院及护理院

应设有老年医院，包括设门（急）诊部和住院部。门诊部设外科、内科、耳鼻喉科、皮肤科、康复医学科、中医科、检验科、医学影像科和老年特色专科等。还应设有护理院，护理院可以分甲等和乙等两种床位。

7. 生活机能配备

老年公寓生活机能配备中应包括：清洁服务；代购、代订服务；公寓的医护人员定期上门为老年人作保健及健康检查，

美国安娜堡峡谷退休社区公寓

小病及时医疗，大病及时送医院治疗；宠物托管服务；邮政收发、定时提醒等服务；旅游活动安排服务；健身培训、辅导及陪练；日常医疗保健指导；花卉、盆景艺术指导；联谊沙龙、互助小组；其他为老年人提供的特殊服务。

通过系统全面的服务，为老年人生活的方方面面提供保证，使老人能够在老年公寓里享受剩余人生岁月的快乐。

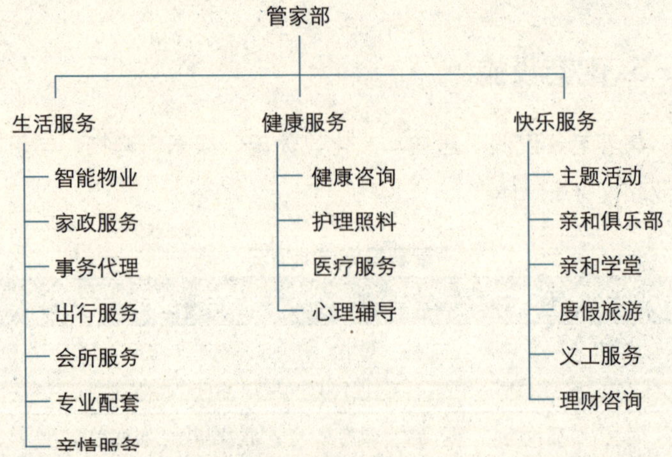

某老年公寓生活机能配置的结构

老年公寓设计理念及细节要点

老年人具有特殊的生理特点，因此，需要在操作老年公寓项目时特别考虑设计细节层面的问题，如卫生间和厨房的设计。

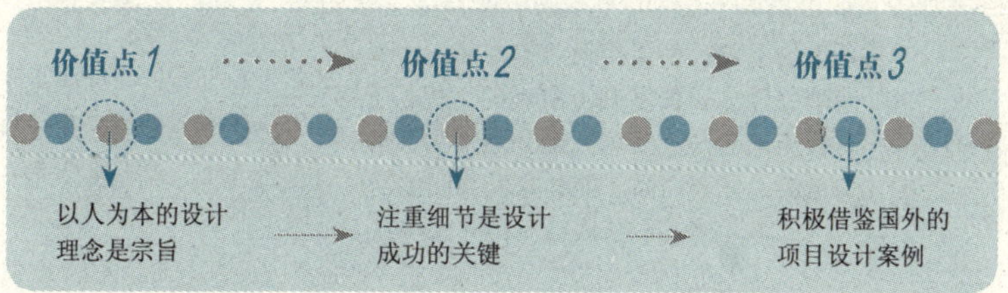

发达国家很重视老年公寓的规划、设计，西方的很多学者从以下4大方面研究探讨老年人的居住问题：第一，从场所的角度（包括环境和人群）来研究居住环境对老年人的活动和行为的影响；第二，从设计的角度来研究空间环境在支持、改变或否认老年人的社会、生理需求的过程中，将起什么样的作用；第三，从社会学、心理学的角度来研究人与环境之间的相互作用；第四，从政策、法规、设计规范的角度来研究如何促进老年人居住水平的提高。

国外某老年公寓实景

1. 国外老年公寓设计理念

国外老年公寓的设计理念有如下特点：

①突出“自由”的感受，满足老人对自由感的要求。

②考虑老人可以继续在家中参与工作。

③用积极、年轻的方法对待年龄。

④随着生活质量的提高和医疗条件的改善，关注老年人在生理和心理方面的健康状况。

⑤对环境的可持续发展。

⑥有度假及护理功能的老年公寓。

⑦可以有多处居所，方便外出旅游。

美国、日本、新加坡和欧洲国家老年公寓产品比较

国家	产品特点	借鉴之处
美国	建筑规模大，有各种各样的俱乐部，开设的课程和组织的活动超过80种以上。代表楼盘：太阳城中心、凤凰城	完善的配套设施与功能区划分
日本	日本的老龄人的生活质量是在良好的社会保险保障体系的基础上实现的。提供无障碍设施的老龄人住宅产品、具有看护性质的老龄人住宅产品、能和家人共同生活(二代居)的住宅产品。代表楼盘：港北新城	老年人住宅产品与其他租售性质的住宅产品混合设计在一个生活社区内，突出自助自理
新加坡	一般兴建在成熟的社区中。公寓户型一般分为35平方米和45平方米，为一位或两位老年人提供生活空间	住宅的户型设计及内部结构设计标准的特殊化考虑
欧洲国家	国家政策倾向于让老年人居住在独立的公寓中。建筑将3种元素结合在一起：城市意味、社区功能和生态目标。代表楼盘：荷兰弗莱德利克斯堡老年人公寓	建筑元素的集合处理，让老年公寓不显孤独

在设计过程中，设计师会根据老年人对设施的多样化要求提供现代化的配套设施，满足老年人日常生活和个人护理的需要，从某种意义上说，生活环境的设计非常重要，应该与设计方案融为一体。同时，也应考虑到设计发挥老人余热的环境，使其尽享每天生活的乐趣。

因此，建筑设计师设计老年公寓时主要从以下10个方面考虑：

①私密性：老年人需要一个属于自己、不被干扰的空间。

②社会交往：应为老年人提供一个进行社会交往的公共空间。

③可选择性：应为老年人提供多种选择，并有控制的能力。

④清楚的方向性和明确的标志系统：它为记忆力减退的老年人提供活动上的方便。

⑤安全感和安全性：为活动能力减退的老年人提供活动的安全性，使他们有安全感。

⑥可达性和易操作性：供老年人活动的空间应有很好的可达性（即无障碍），常用设施（如门、窗、家电）应易于操作。

⑦适度刺激性和挑战性：一个有适度挑战性的环境将促进老年人经常活动。

⑧适度的声光环境：它将大大方便视力和听力已经减退的老年人的活动。

⑨环境的熟悉性和连续性：环境的设计应有一定的地方传统，并成为往日生活的延续，使老年人不感到陌生。

⑩尺度适宜的细部：它可以使老年人处处感到方便和愉快。

2. 我国老年公寓的设计特点

当前，我国老年住宅建设与国外起步较早的国家相比，确实还存在一定差距，但是，很多业内人士，已经在实践领域进行了多种努力和尝试。

(1) 细化设计是关键

事实上，老年人住宅与普通住宅在设计方面还是有很多不同点的，通过调查发现，不仅从居住需求上的空间要点，还要从室内案例，如平面设计、光线和无障碍设施等方面达到相应水准，细化是建设老年住宅最为关键的要点之一。

老年公寓室内装修效果之一

国内多数家庭都没有扶手、坐凳，而且空间局促，由于凳子摆不下，致使老人一般需要扶着鞋柜等物品的台面换鞋。此外，应该注意轮椅的收放空间问题。起居室多是老人喜欢停留的主要空间，看电视、听音乐、看书、休息，但是起居室目前存在的问题也很多。比如，沙发与电视的距离，现在较高档的

老年公寓室内装修效果之二

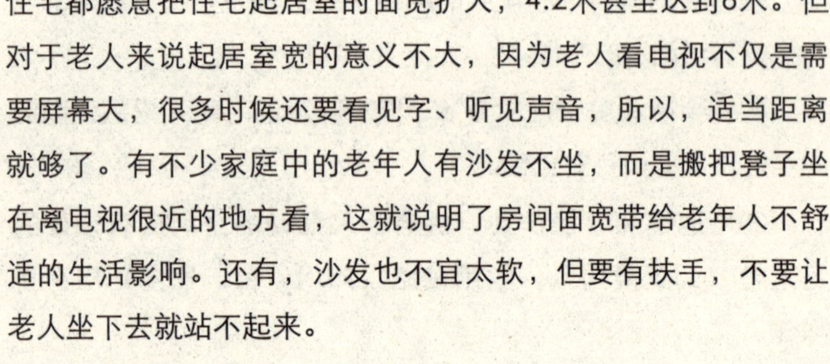

住宅都愿意把住宅起居室的面宽扩大，4.2米甚至达到6米。但对于老人来说起居室宽的意义不大，因为老人看电视不仅是需要屏幕大，很多时候还要看见字、听见声音，所以，适当距离就够了。有不少家庭中的老年人有沙发不坐，而是搬把凳子坐在离电视很近的地方看，这就说明了房间面宽带给老年人不舒适的生活影响。还有，沙发也不宜太软，但要有扶手，不要让老人坐下去就站不起来。

（2）老年公寓卫生间设计窍门多

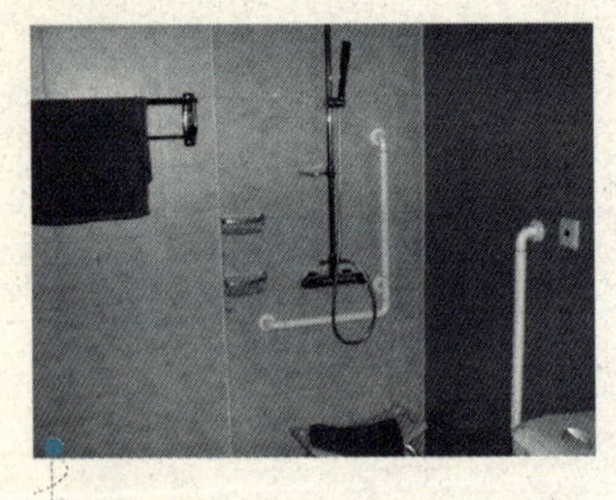

老年公寓卫生间装修效果

很多研究老年住宅的业内人士都会谈到老年公寓卫生间的设计。

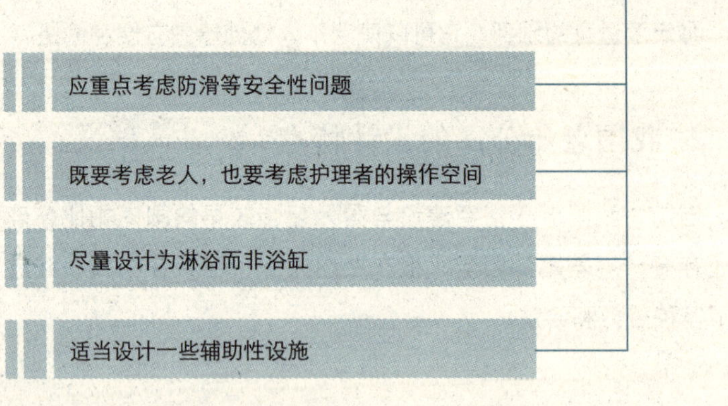

老年公寓卫生间设计的4个要点

众所周知，卫生间对于老年人来说是个容易发生意外伤害的空间。以选择淋浴还是浴缸为例，大多数老人使用淋浴，尽管他们很喜欢使用浴缸，但确实后者比较危险。而我国在使用浴缸的条件上也有很多的不便，如热水、空间问题等，因此，浴缸不见得是适合老年人的洗浴方式。所以，在老年住宅中，应尽量安装淋浴，这样就可以把因使用浴缸进出而造成老人滑倒的危险降到最低。很多老人使用浴缸，因为体力问题，还需要配备一把坐凳，这样造成的温差很容易生发疾病。90平方米住宅可以考虑紧凑的设计，用省地营造便利，如能用淋浴的帘子就不用淋浴屏，轮椅转圈的区位就可以扩大一些。如果非要用浴缸不可，就必须在适宜位置安装老人能够借力的扶手，尽量降低危险系数。

在可能条件下，卫生间厕位间平面尺寸在考虑轮椅老人进出的同时，还要考虑护理者的协助操作，因此其空间大小不宜小于1.20米×2.00米。坐便器高度不应大于0.40米，浴盆及淋浴坐椅高度不应大于0.40米。浴盆一端应设不小于0.30米宽度坐台。卫生间是老年事故多发地，设置尺度合适、安装牢靠的安全扶手十分必要。安全扶手是否牢固可靠，关键在于扶手基座是否坚固，因此必须先在墙内或地面预先埋设坚固的基座再装扶手。卫生间内与坐便器相邻墙面应设水平高0.70米的“L”形安全扶手或“II”形落地式安全扶手。贴墙浴盆的墙面应设水平高度0.60米的“L”形安全扶手，入盆一侧贴墙设安全扶手。

（3）老年公寓厨房的设计在于便利和安全的统一

如果是残障老人使用的厨房，就应该保证让他们坐上轮椅也可以正常操作，而不能是家里无人时，最基本的事情也做不到。如操作台，下部设计应留空，而且最好设计成连续操作台，这样坐在轮椅上也可以把一件东西搬到对面去。此外，还有炉灶和水池的位置关系也是有讲究的。其实，L形布局是最理想的，老人在轮椅的转圈范围内也可以够到。

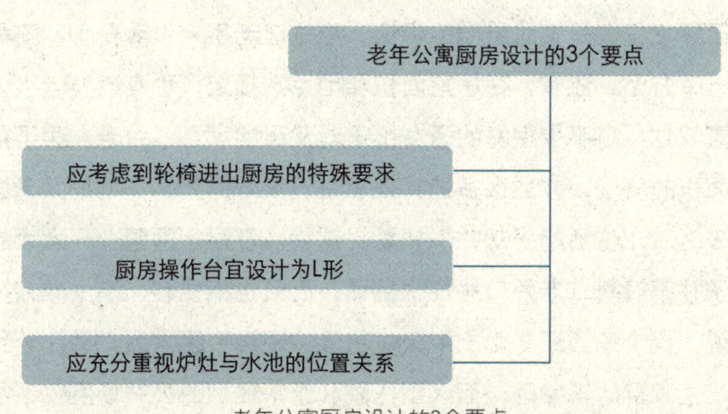

老年公寓厨房设计的3个要点

美国安娜堡峡谷退休社区的美国安娜堡峡谷退休社区公寓

设计厨房时要考虑操作轮椅进出厨房的特殊要求，考虑轮椅回旋空间及操作台所占空间，厨房开间应在2.10米以上，使用面积不宜小于6.00平方米，其最小短边净尺寸不应小于2.10米。厨房操作台的尺寸要按照老年人的人体尺度进行设计，同时还要满足轮椅操作者对使用空间提出的特殊要求。因此，厨房操作台面不宜低于0.75～0.80米，台面宽度不应小于0.50米，台下净空高度不应小于0.60米，台下净空前后进深不应小于0.25米。厨房吊柜的柜底离地高度宜为1.40～1.50米，轮椅操作厨房吊柜，柜底离地高度宜为1.20米。吊柜深度比案台应退进0.25米。

(4) 老年公寓的设计应人性化

在建筑学术界和社会舆论界，建筑人性化的口号可以说已经达到街知巷闻的程度。而年轻体壮的人们，基本是难得去注意上了年纪的人在居住中的细节需求的。有学者和设计师指出，了解老年人的深入需求，从而设计出的老年住宅，是真正体现人性化设计的最有力载体。应该说，能把老年住宅的设计做好，提高人性化程度，普通人在使用上也会更加方便。

(5) 了解实际需求是老年公寓设计的关键之一

如何了解老年人的切实需要呢？据调查发现，老年人喜欢留存老旧的物品，而这些东西常常没有地方存放。于是，在为老年人设计居室时，应该单独留出一个空间让他们保留这些东西，这已经不仅仅是安居层面的事情，也是让老年人生活安心、安稳的一个方面。还有，在居室面积和地点选择上，也应该为老年人慎重规划。有不少家庭的子女出于对父母的孝心，为老人买了很大面积的房子，并且很多选择在了空气良好的郊区，但是父母搬进去之后，生活起居却并不如意。这就涉及很多问题——太大的房子并不温馨，老两口居住很空荡，而且也不便利，不少老人抱怨说，找个东西还要走上半天。另外，距离市区太远，易让老年人产生离群的孤独感，而大型医院和繁华便利的公共场所也不易到达。这些就是为老年住宅做“加法”过头了。

（6）老年公寓的采光设计有特殊意义

采光是否优良，是衡量一套住宅价值高低的重要指标之一，而老年住宅的采光，就不仅仅为了美观，还有特殊意义。老年住宅各个房间的门都应认真考虑，譬如，厨房和起居室宜用玻璃和门扇，可以透光也可从外面看见，如果老人在厨房里滑倒，自己无法站起来或者晕过去了，外面的人就可以及时发现。否则，由于厨房抽油烟机的巨大响声，很容易把其他声音盖过，而在门上开一个玻璃窗户，声音传递就可以很方便了。

（7）老年公寓储藏室的设计可以充分做“加法”

老年公寓储藏室的设计可以充分做“加法”。要把储藏间利用好，鞋柜、吊柜尽量都有，让老人一次性什么都可以放下、找到。家具就要做“减法”，尽量小型化。因为对于腿脚不灵便的老人来说，小型化的家具，利于打扫卫生或者找东西的挪动需要，没有太小的，就拼装。如茶几，就买几个小桌子拼上，其他柜子也可以依法炮制。无论“加减法”还是人性化，老年人的需求是第一位的，一切都要为老年人的生活预先设想，才是在建设老年公寓。

（8）老年公寓通道及其材料的设计使用应考虑安全性

老年人居住的楼宇中最好设有可平展担架的医护电梯，同时走廊要宽，楼梯踏步要比一般踏步低；房屋由外至内要完全采用无障碍设计；室内地面应采用防滑材料，例如，厨卫应采用防滑瓷砖，其他地面可采用木地板、塑料地板、橡胶地板或地毯。

老年公寓通道设计效果

（9）老年公寓中的装饰材料、隔音降噪设计应做好

装饰材料的选择应协调配套，符合老年人的心情，注重简洁、典雅，不求华丽，此外墙面、地面除了注意安全外要便于清洗。老年人随着生理、心理的变化，动作变得迟缓，反应不能随心，事故易发率较高。为防止不测事故的发生，墙地面、饰面材料的选型和构造处理尤为重要。一般应选用能防止老年人打滑、磕碰、扭伤、擦伤的材料，不可采用易滑、易燃、易碎、化纤及散发有害、有毒气味的装修材料。老人一般都喜欢宁静，怕吵，尤其是怕儿童的吵闹，因此室内的环境应高度宁静。应做好老年人住宅的隔音降噪处理，可在楼面上铺设富有弹性的材料，以便吸收能量，如铺地毯、做橡胶或塑料地面。

老年公寓室内装修效果之三

（10）老年公寓中的内部墙体角位设计应考虑到安全性

老年人生理上的变化导致了视力下降、行动缓慢、反应迟钝等，有的还要借助于拐杖或轮椅行动，所以老年人在室内活动时难免发生一些跌跌撞撞，容易造成身体或墙体的损伤。因此，老年人建筑内部墙体的阳角部位，宜做成圆角或切角，且在1.80米高度以下做与墙体粉刷齐平的护角。

（11）老年公寓室内装饰色彩的设计应符合老年人特点

室内装饰的色彩要有利于老年人的心理与健康。老年人的视觉经常出现如下情况：老花眼、眼睛混浊需要光线、视觉变黄，因此设计时必须注意老年人看到的色彩与年轻人不一样，应适当提高色彩的明度和对比度，提高可识别性，适应老年人视觉能力下降的特点。在空间、标高、材质变化等易发生事故的地方，应通过装修材料或色彩等的变化来达到容易识别的目的。老年人一般喜爱典雅、洁净、安宁、稳重，加之体弱、心律减缓、

视力减弱，一般宜采用浅色，如浅米黄、浅灰、浅蓝等。忌用红、橙、黄，因为红色会引起心律加速，血压升高，不利于健康。浅蓝则给人以安宁感，适合减缓心律，消除紧张。浅米黄给人以温馨感觉，有利于休息，消除疲劳。

老年公寓室内装修效果之四

（12）老年公寓中的家具设计宜少不宜多

老年公寓室内家具设计的3个要点
- 从实际出发，宜少不宜多
- 尽量圆角圆棱、坚固稳定、便于扶靠和使用
- 高低、宽度均要适宜，充分考虑老人身体特点

老年公寓室内家具设计的3个要点

老年公寓内的家具设计应从实用出发，宜少不宜多。例如，家具外露部分应尽量减少棱角；老人用的双人床应两面上下，有条件的应有手扶之处；床与沙发应该稍硬，不宜过软、过深和过矮，更不要坐下去站不起来。室内家具应圆角圆棱、坚固稳定、尺度适宜，便于扶靠和使用。高过头的组合柜，低于膝的大抽屉，取放东西不方便，老年人最好不用。躺椅、安乐椅或藤椅对老年人来说，往往比沙发更实用，躺坐也更舒服。老年人用床对其健康至关重要。南方宜用“棕绷”，上面加上柔软舒适的褥子；北方宜用板床或钢丝床，上面再铺柔软的棉垫和褥子，这样才适合老年人的休息和卧睡。沙发床虽是高级家具，但不宜老人睡用，因为它会使人“深陷”其中，老年人翻身不方便。海棉垫不容易透气，即使用它，也最好是铺在下层。

老年公寓室内装修效果之五

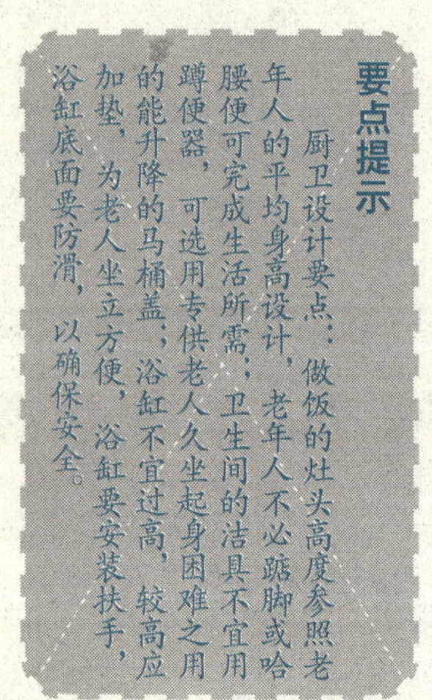
要点提示

厨卫设计要点：做饭的灶头高度参照老年人的平均身高设计，老年人不必踮脚或哈腰便可完成生活所需；卫生间的洁具不宜用蹲便器，可选用专供老人久坐起身困难之用的能升降的马桶盖；浴缸不宜过高，较高应加垫，为老人坐立方便，浴缸要安装扶手，浴缸底面要防滑，以确保安全。

（13）老年公寓中的照明布置及灯具造型选择设计宜适合老年人视力情况

室内照明布置及灯具造型的选择，对于室内装饰效果和气氛渲染起到重要作用。

老年人视力较差，室内照明度应比普通住宅高，灯具的布置，可按功能区域的划分，来满足不同的照明要求。客厅是居室活动的中心，有多种功能，所以要选择多种照明方式，如落地灯、顶棚灯等；陈列柜小型投光灯能烘托展示陈列品，增加室内温情，减少老人的孤独和寂寞感；而卧室不要用强烈的照明，台灯、床头灯要柔和，电源开关要设在老人开启方便的地方；室内灯光应有弱有强；夜间最好有低度照明，便于老人起夜如厕；室内电灯开关安装部位，夜间使用要方便；家用电器设备应尽量采用智能型，如电锅、电水壶等有自动保温功能。

（14）老年公寓户外环境空间设计要点

①健身锻炼空间

类型：由于老年人健身锻炼的需求强烈，该空间应优先设计。依据活动内容分为专用运动场和一般健身运动场；在规模上有大、中、小的区 别；在空间特性上有封闭、开放或其他中间类型的区别，如下表所示。

老年公寓户外健身锻炼空间类型

类别	场地设置	适用活动	布局
专用运动场	门球场、网球场、羽毛球场和室外游泳池场	门球、羽毛球、网球、游泳等器械运动	集中
一般健身运动场	器械活动场地	器械运动	分散
	集体活动场地	跳舞、健身操等集体活动	集中
	小群体运动空间	太极拳、武术等小群体活动	分散
	健康步道	散步、慢跑	分散

设计要点：健身运动场包括运动区和休息区。运动区应保证有良好的日照和通风条件；休息区布置在运动区周围，供休息和存放物品，宜种植遮阳乔木和设置适量的坐椅。专业活动场地和集体活动场地易集中布置，也可在建筑周围设置老年娱乐设施，周边布置绿地和树木进行隔离。小型及小群体活动场地易分散布置，可临近建筑，布置部分运动器械，方便不愿活动和身体不便的老年人就近使用；也可在林间或中心活动场地周边设计若干10平方米左右独立小空间，供老人进行太极拳、武术、跳绳等小群体运动。各种活动场地也可多层次设置，如集体活动场地周边可布置一些运动器械，中心进行健身操等集体活动。健康步行道可结合公寓临近的山体和自然景观开辟林间跑步道，或结合公寓内部系统的步行系统进行布置。

②社会交往空间

类型：社会交往空间分为老年人交流空间和家庭成员交流空间，如下表所示。

老年公寓户外社会交往空间类型

类别	场地设置	适用活动	布局
老年人交流空间	建筑出入口、道路及道路交叉口、树下、健身及休闲活动场地、公共建筑的廊檐下、有坐椅的地方	老年人之间、与工作人员、其他人聊天和交往	集中、分散或结合其他空间布置
家庭成员交流空间	健身及休闲活动场地、儿童活动场地	老年人与家庭成员团聚	同上

设计要点：树下、老年公寓出入口处、建筑物出入口处、主要步行道上、道路交叉口、楼宇之间的活动场及有坐椅的设置等都是受老年人欢迎的交往空间景观；也可将社交空间与健身和休闲空间融合设计成多层次空间景观。独立开辟老人与家庭成员团聚交流空间，场地内宜开辟一块儿童活动空间；空间需一定的私密性，设计中应远离公共活动空间，防止他人干扰，同时距居住建筑不宜太远。

③休闲活动空间

类型：老年公寓户外休闲活动空间类型，如下表所示。

老年公寓户外休闲活动空间类型

类别	场地设置	适用活动	布局
园艺种植区	温室、果园、小块园地	园艺活动	集中
园艺种植区	湖、池塘、鱼塘	赏鱼、垂钓活动	集中
垂钓场所	林下、花园	溜、观、逗鸟	集中
观鸟场所	阳台、楼间连廊、屋顶平台、作息空间	晒日光浴	分散
日光连廊、阳光露台	坐椅处	作息、交流、独处	分散
作息空间	花园、自然景观区、芳香园、康体步道和保健园	享受自然景观、赏花草、保健养生	集中
花园、自然景观区和保健区林荫广场和休憩空间	建筑出入口、亭廊内、树下、坐椅处	下棋、打牌、看书、弹唱	分散

美国安娜堡峡谷退休社区景观

设计要点：

A. 园艺种植区。满足老人对田园的向往。小块园地可设置在居住单元附近，便于管理照料；大型或集中的园艺种植物区可增设温室和果园，并可结合自然景观区较远处布置。种植地块应有足够的日照和充足的水源，以及较平坦的地面。

B. 垂钓场所。垂钓是老人较喜欢的修身养性、陶冶情操的活动。老年公寓可根据条件设置湖面、池塘等垂钓空间，独立布置或结合自然景观区和园艺区布置，临近主要道路及便捷的路径，四周需利用绿色植物围合成半封闭环境，其中，垂钓平台、保护设施、上下台阶是垂钓场所设计的重点。

C. 赏鸟场所。养鸟能避免老年孤独。公寓内有条件可设小型的养赏鸟空间，周边设观赏坐椅，远离居住用房、采用植物围合的方式避免鸟声干扰，配专人管理，也可结合花园、自然景观区和园艺区设置。

D. 日光连廊、阳光露台。阳台、楼间的日光连廊、层顶平台、不设绿荫的作息空间、室外运动散步都可以享受到阳光的普照，增进老年人的健康。

E. 作息空间。作息空间可以选择在社交空间的树下、廊檐下、入口处、道路交叉口等地，健身锻炼空间的周围和路径中间以及园艺、垂钓、晒太阳等休闲活动空间。空间应便利到达，易于集聚交往，有安全感，地面平整，坐凳边宜预留轮椅的空间，应有良好的通风、阳光和绿荫。

F. 花园、自然景观区、保健园。该区主要满足老人散步、观赏、接触自然、独处和保健的需求。花园和自然景观区一般宜分开布置。花园宜设在室内日常活动能观赏到的地方，内设有绿荫和保护性建筑小品的作息和观赏空间；自然景观区可离建筑物稍远处设置，以供老人寻幽养静和独处之用，内部可布置舒适的作息空间和小型的活动空间，利于老人在享受和欣赏自然的同时，进行太极拳、武术、弹唱等活动。基于老人对健康的关注，老年公寓可单独或结合其他空间开辟，如以保健型植物为主体的芳香园、康健步道和保健园等。

G. 供下棋、打牌、看书、弹唱的林荫广场和休憩空间。下棋、打牌空间可设在建筑出入口附近，亭廊等园林建筑和林荫下休憩空间更好；弹琴、唱戏空间需远离居住用房，避免干扰。

④ 服务管理空间

类型：服务管理空间主要满足老年公寓内公共建筑、员工休息、公寓入口景观的需求，可分为公共建筑户外空间、员工休息空间和出入口景观空间，如下表所示。

老年公寓户外服务管理空间类型

类别	场地设置	适用活动	布局
公共建筑户外空间	晒衣场、煤等货物堆放场地、独立出入口	晒衣、货物堆放、出入等日常服务管理活动	集中
员工休息空间	树下、出入口、亭坐椅等设施	员工停留、休息	集中
出入口景观空间	公寓出入口空间	接待、景观欣赏	集中

设计要点：公共建筑户外空间主要对公共建筑内的功能加以补充，如日常服务用房外需设置晒衣场、煤等货物堆放场地、货车停留空间、独立出入口等，医疗用房可结合老人病后康复对阳光、空气等要求设置户外作息空间。这些空间主要依附于管理用房附近。另外，员工户外休息处需有通透的视线，以便于照顾在户外活动的老年人。

老年公寓6大产品特点分析

老年公寓产品有其不同于普通住宅产品的特点，一般都有完善、周到、及时的服务，有优越的居住环境和适合老年人的各种活动，将越来越受到有知识、有品位、经济基础较好、观念开放且有闲情雅趣的老人青睐。

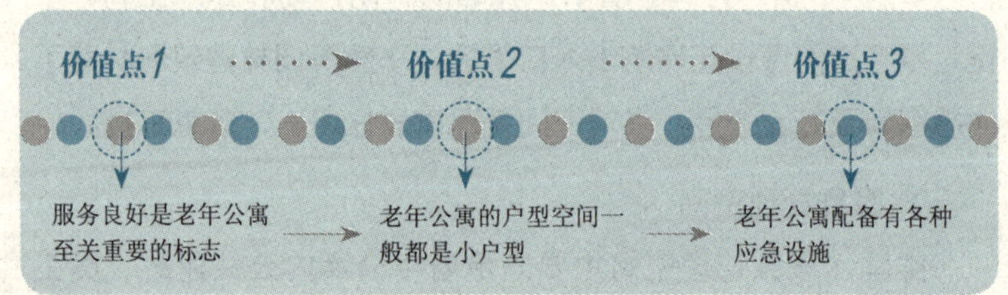

1. 老年公寓与养老院有很大区别

据调查发现，在人们的观念中，老年公寓与传统的养老院（敬老院）有着很大的不同，养老院一般仅解决老人的基本吃住问题，大多是为无依无靠的孤寡老人和政府的一些民政对象服务的，条件较差。老年公寓可提供综合性的服务，不仅在基本的吃住方面能保证吃得好，住得舒适，而且还提供较好的医疗保健、休闲娱乐等服务和设施，当然这是要支付相应的费用的。调查表明，人们对老年公寓的认同远远高于对养老院的认同。

2. 新型老年公寓具有更多的现代元素

21世纪的老年公寓，应该以老有所养、老有所为、老有所乐为目标，提供多功能、全方位的服务，形成一个完善的老人社区。选址应在郊区，距市内1小时车程，占地33.3万平方米左右，周围有河流、湖泊、山地、树林，最好还有温泉，空气清新，环境怡人。内部有果园、鱼池、花圃、菜地、养殖场、运动场，可供老人休闲、健身、劳动。

在设施建设上，住房应以单元式公寓套房为主，有卧室、起居室、小厨房、卫生间，配备家具、彩电、冰箱、空调、电话等设备，使之具有家庭气氛；卫生间及过道、走廊均安装扶手，床头安装紧急呼救装置。公寓楼设活动室、娱乐室、健身房、洗衣房、阅览室、会客室等，并设医务室、监护室及相应的医疗仪器，另设招待客房。公寓的辅助设施应有小商场、邮电所、银行、停车场等。公寓配备专职的服务队伍，经过培训的服务人员负责打扫卫生、保护环境、维修设备，并提供老人需要的各种服务。公寓定期为入住老人进行体检，医护人员24小时关注老人身体状况，随时诊治，必要时及时送往专门医院。老年公寓的收费要充分考虑当时中上收入水平家庭的支付能力，不可太高。

老年公寓室内装修效果之六

3. 老年公寓产品的面积特点

老年人的居所一般都是一室一厅、一室两厅、两室一厅、两室两厅这几种房型。起居室使用面积不宜小于14.00平方米，卧室使用面积不宜小于10.00平方米，矩形居室的短边净尺度不宜小于3.00米，卫生间面积不宜小于5.00平方米，厨房使用面积不宜小于6.00平方米。

据调查，在敬老院中，老人人均居住面积有15平方米；而一般公寓中，老人平均居住面积可达30平方米。

4. 老年公寓产品的功能特点

（1）居住方面

老年人的居所大都邻近医院、菜场。因为老年人体力有限，从住所步行到菜场就增加了生活的便利性；而且老年人患病概率较高，万一有急事，可以及时就医。

（2）疗养方面

老年人社区的医疗要比一般公寓社区规格高。对于亚健康状态的老人，要有常见疾病的中西医门诊；对于有老年慢性病的老人，要有跟踪档案，对其进行定期体检，确保老人日常生活的安全；而专业的医疗服务机构，则可以提供老年人专业的治疗和护理，护理人员可以上门为老年人服务，老年人也可以白天在医院接受护理，晚上回家休息。

同时，医院可针对敬老院内的老人开出相应的“营养处方”“医疗处方”等，具体来讲，老年人在食堂就餐时可参考医院“营养处方”和营养师给出的菜单配菜；如果老年人腿脚不好，在“运动处方”中便会让老年人日常生活中多跳跳台阶，逐步进行锻炼。

（3）学习、休闲方面

据不完全统计，老人们到各类老年教育机构和社区学校学习，参加文化体育活动的老年人占老年人口总数的60%以上。

（4）交流方面

老年人需要每天问候服务的有很多，需每月一次以上精神慰藉服务也有相当大一部分。老年公寓可以而且应当满足这方面的需求。

5. 老年公寓产品的户型特点

老年公寓的房型以紧凑小房型为主。通常主卧面积设计得宽阔舒适，而客厅通常比较小。供老年人用的门把手应为摆把式，开锁的钥匙应为锥形，以适应老年人握裹力和视力不强的特点。房内通常有大阳台，方便老年人晒太阳。房间设计南北通透，便于通风。

案例

某老年公寓的户型设计

一室一厅一卫（面积：40～60平方米）和二室一卫（面积：60～80平方米/室）为主，还有二室二厅二卫（面积：80～95平方米），少部分的是三室二厅（面积在120～140平方米）或二室二厅（面积在90～120平方米）房型。

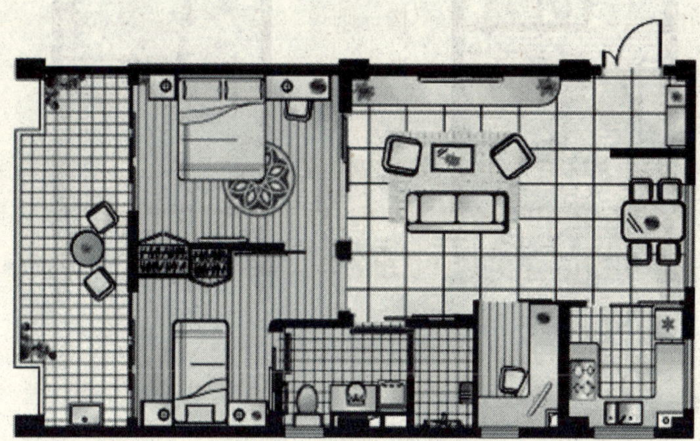

大套房型平面图（二室二厅一卫 140平方米）

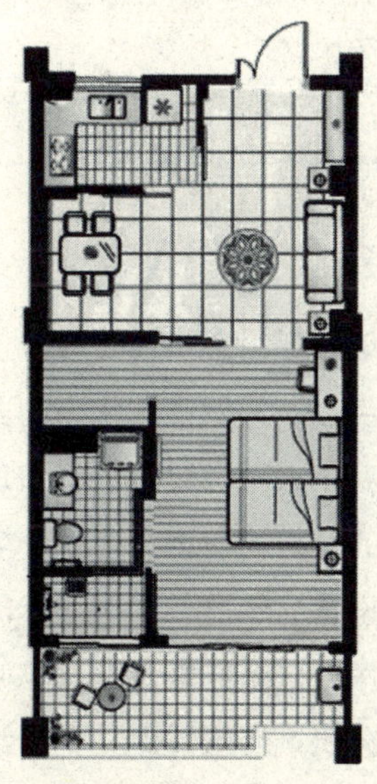

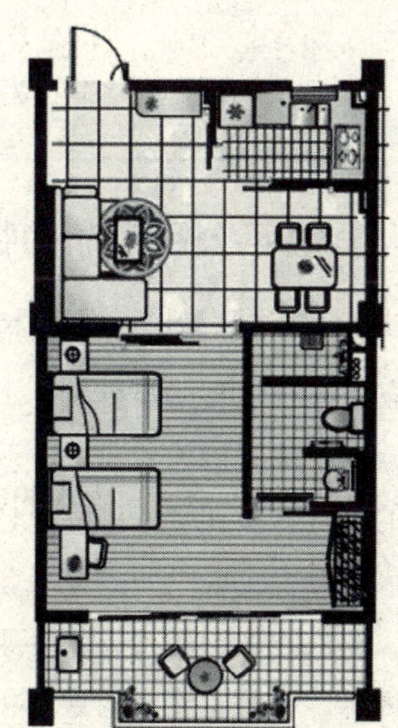

中套房型平面图（一室二厅一卫 80平方米）

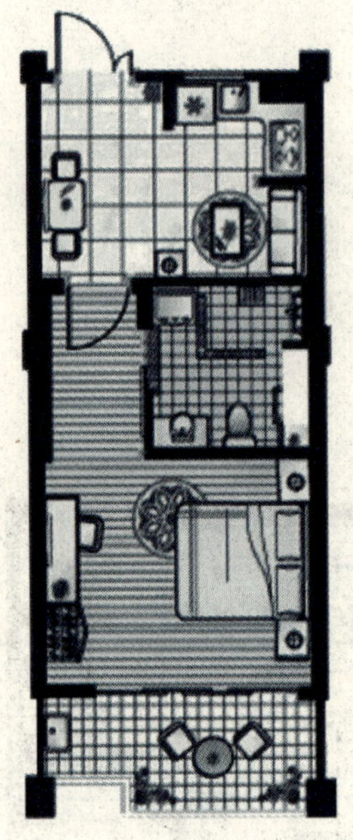
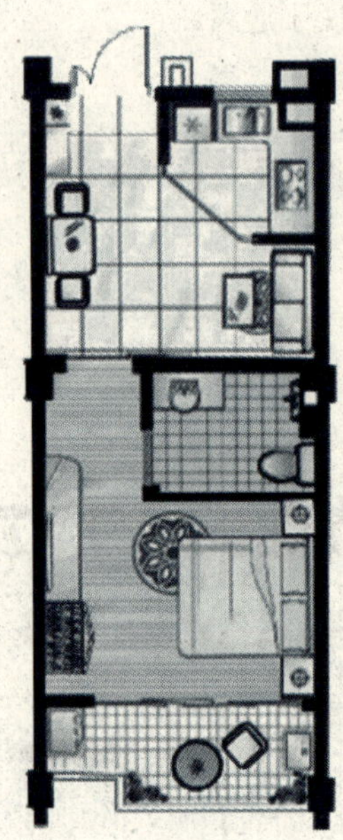

小套房型平面图（一室二厅一卫 60平方米）

"阳光公寓"——独居

以一室一厅一卫（面积：40～60平方米）和二室一卫（面积：60～80平方米）为主，还有二室二厅二卫（面积：80～95平方米）房型。

睦亲住宅主要是二室二厅二卫（面积：80～100平方米）房型。

亲子住宅——共居

三室二厅（面积：120～140平方米）或少部分的二室二厅（面积：90～120平方米）。

6. 老年公寓产品的特殊要求

北京东方太阳城景观——万晴园

在老年公寓内应设置呼应信号系统。呼叫主机设在各层值班室，分机设在公寓卧室床上的护理带上，为保证老年人的安全，在卫生间内设置紧急呼叫分机。老年人可通过分机与值班室的管理人员实现双向呼叫，被呼叫的分机均有声光显示，老年人的分机上设有叫通显示；走廊内设置显示屏，平时显示时间，有人呼叫时轮流显示呼叫序号、房号；系统并设有紧急呼叫提示。系统主要有对讲主机、对讲分机、传输线路、扩音设备及显示装置组成。该系统可在老人意外生病或摔倒时，向管理人员发出呼叫，管理人员可以及时赶到出事地点并采取相应的措施。在老年人居住的社区和房屋里，需随处设计“紧急按扭”和医院联网，如果老年人忽然感到身体不适，可通过“紧急按扭”寻求帮助。

北京东方太阳城景观——明湖园

昆明卧云仙居老年公寓

卧云仙居老年公寓拥有昆明市罕见的稀缺森林资源，森林覆盖率在90%以上，有科学调查显示，负氧离子含量仅次于安徽黄山，居全国第二，每立方厘米负氧离子含量高达8000个，是休闲养老、度假养生的胜地。

昆明卧云仙居老年公寓基本情况

城　区	昆明西山区
地址	昆明西山卧云山卧云仙居
板块	西山板块
开发商	云南金曦房地产投资开发有限公司
建筑类型	多层；低层
物业类别	普通住宅；酒店式公寓；别墅
建筑面积	56700平方米
占地面积	468782平方米
容积率	0.12
绿化率	55%
总户数	480户

卧云仙居老年公寓园区设施有：新健康门诊、网络中心、多功能影视厅、图书阅览室、集体食堂、室内健身房、室外多功能复合运动场、门球场、网球场、篮球场、巨星棋盘广场、大众棋牌室、贵宾棋牌室、急救室、量子治疗室、足疗室、按摩室、美容室、太极养生堂、养生食府、户外田园生态餐厅、卡啦OK演艺大厅、乒乓球室、台球斯诺克室、舞蹈练功房、大中小型会议室、度假公寓、度假别墅、五星级度假酒店宾馆楼、拓展培训中心、康乐会所、百草园、生态动物养殖园、健康环形跑道、个人和集体艺术创作室等。

2008年11月18日，卧云仙居被联合国世界和平发展基金会国际老年健康产业委员会授予“中国科学养老健康产业示范基地”荣誉称号。

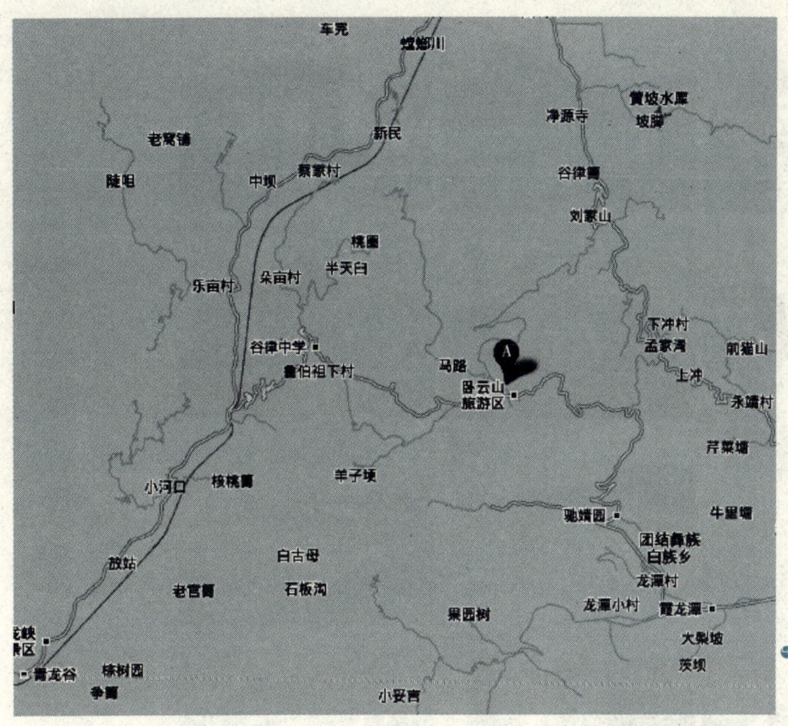

卧云仙居老年公寓地处昆明市西郊西山区团结镇的卧云山风景区，占地46.87万平方米

2009年3月18日，卧云仙居被中国老龄事业发展基金会授予“中国老年产业发展基金会云南健康养老示范基地”荣誉称号。

卧云仙居老年公寓大门

金曦新健康疗养院位于卧云仙居酒店内，是经过西山区卫生行政部门批准的合法卫生机构，它将社区医疗卫生、家庭健康管理、离退休老人赡养融为一体，是一所集医疗、疗养、康复、度假为一体的综合性创新型疗养院，实施的是一种新型科学养老赡养模式。

疗养院实行标准化的高星级酒店规范化管理模式，各类人员经过专业培训，全方位为入住老人提供“养、医、乐、学、教、为”等多样化服务。疗养院每个房间都按高星级酒店要求配置，装有冷暖独立空调、新风系统、24小时热水。设有标准间、单间、套房，室内设计舒适、温馨，符合老年人体能心态特征。居室内有家电、电话，并设有紧急呼叫对讲装置，可随时为老人提供床前服务，提供洗衣服务及餐饮服务。疗养院有保健医疗基础设施和急救绿色通道，能为疗养会员提供24小时医疗保健服务。

卧云仙居老年公寓实景组图

第三章

03

北京老年公寓的市场特征：
需求迫切，现状不容乐观，入住状况调查，市场前景预测

上海老年公寓的市场特征：
老年人口基数大，存在改善性需求，居家养老方式比重大

重庆老年公寓的市场特征：
老年人口基数大，供应严重不足，设施陈旧落后，前景看好

重点城市老年公寓市场特征

北京、上海和重庆这三个城市，在房地产市场具有特殊重要的意义，因为这是我国的三个直辖市，而且都存在着大量的老年人口。尤其是北京，既是首都，又是拥有大量老年人口的老龄化城市。可以说，掌握这三个城市的老年公寓市场特征具有重要代表意义，可以实现“一叶知秋”的功效。

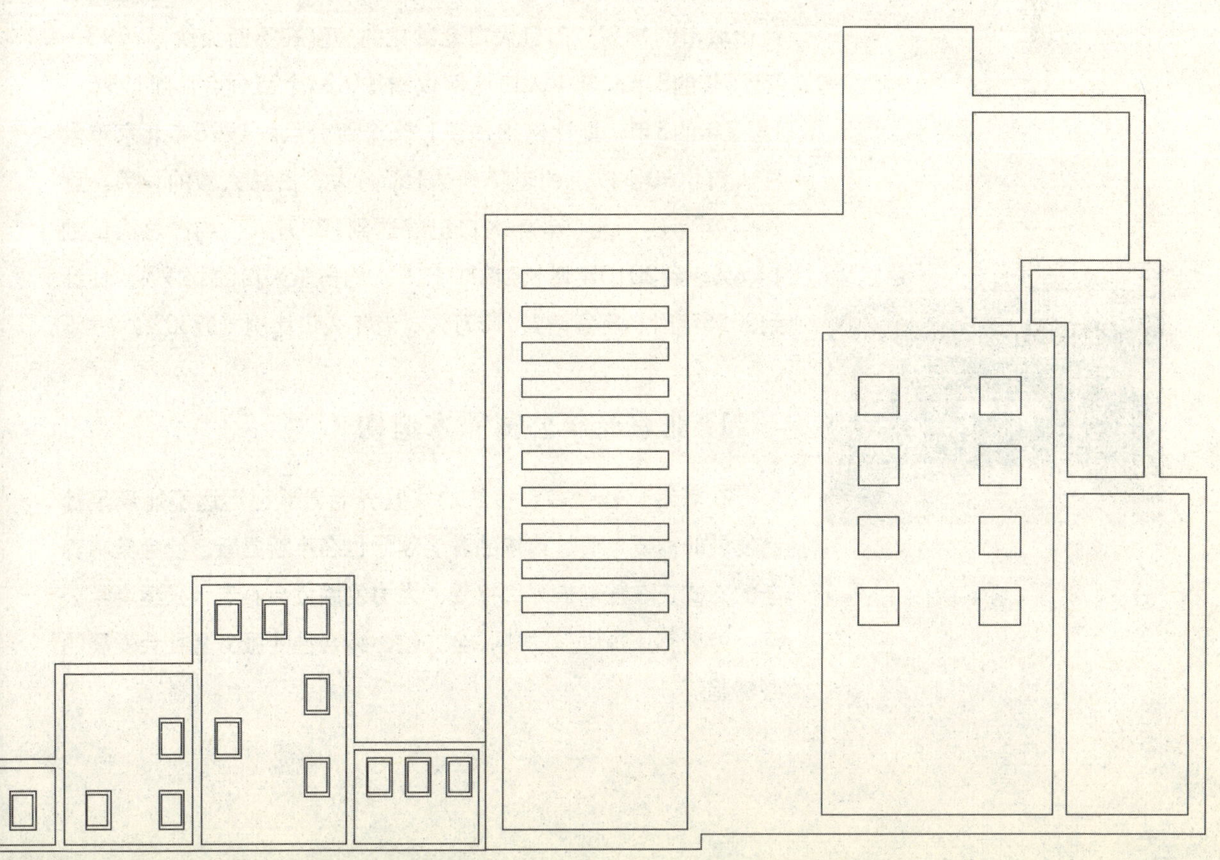

北京老年公寓的市场特征

北京已经成为我国老龄人口最多的城市之一，其老年公寓市场亟须开发，发展空间很大。

价值点1	价值点2	价值点3	价值点4
需求迫切，产品亟待开发	现存老年公寓产品状况不理想	入住率较高，满意度较高	市场前景看好，发展空间大

北京作为我国的特大城市之一，早在1990年就已进入老龄化城市的行列，而且人口老龄化的速度在不断加快，1993—1995年的3年，老年人口比例仅增加0.34个百分点；而1995—1997年的3年，此比例增加了1.46个百分点。1998年北京市常住人口中60岁以上的老年人达153万人，占总人数的14%。到2000年年底，北京老年人口已经达到188万人，约占总人口的14.6%；到2010年增长到230万人，约占总人口的16.9%；预计到2025年时，将猛增到416万人，老年人口比例接近30%。

北京高档老年公寓太申祥和山庄局部实景

1. 北京老年公寓需求迫切

在老龄化社会中，传统的家庭养老方式已远远不能满足社会发展的需要，百姓传统的养老观念也在不断更新，社会集中养老的方式正在逐渐被人们接受。大力发展社会养老，兴建老年公寓，为老年人提供多功能、全方位、综合性的服务是社会发展的必然趋势。

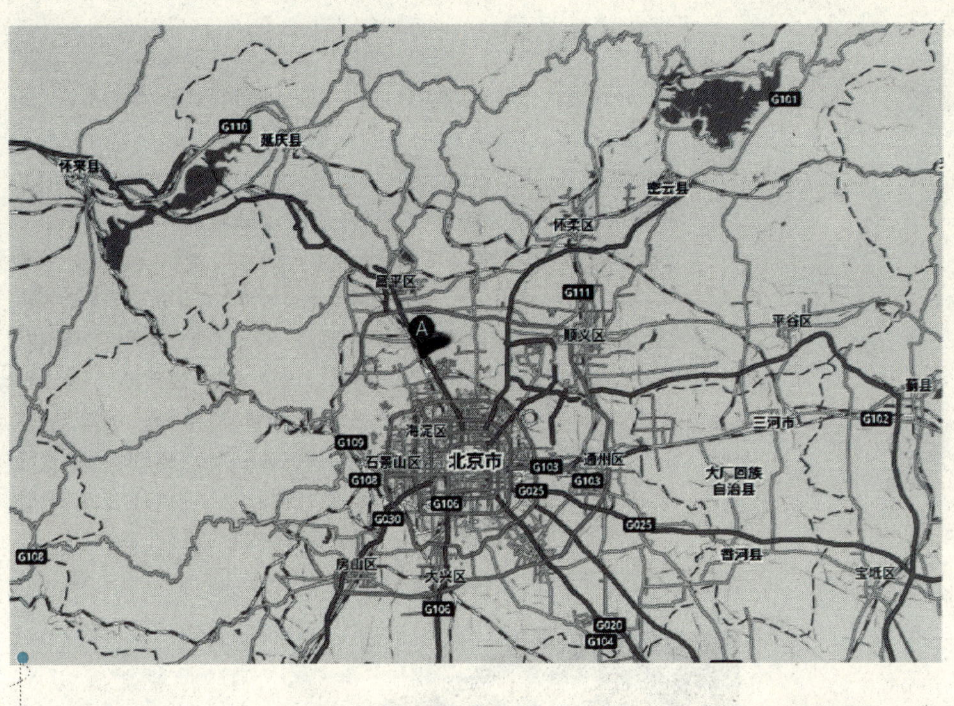

太申祥和山庄位于北京昌平区回龙观史各庄北清路463号，四周环境好，四通八达

（1）北京老年人口构成及发展趋势

伴随着人口老龄化过程的是老年人口的高龄化，老年人口中80岁以上的高龄老人所占比重逐步提高。据统计，1997年北京80岁以上的高龄老人共有13.7万人，约占老年人口总数的8%；2010年增加到29万人，占老年人口的12.8%。

据统计，中重度老年性痴呆患者约占老年人群的5%。据此推测，北京约有7万～8万老年性痴呆患者，他们需要特别护理。

（2）广受媒体宣传与社会关注

老年问题已经渐成热点，北京已经有多家老年公寓先后建成开业，社会媒体开始广泛关注，北京老龄信息网、夕阳红网、“老来乐”、“天伦之乐”等老年服务网站也相继建立。

与此同时，“粮管所改成老年公寓”、“幼儿园改办养老院”，以及某某老年公寓日前建成开业的消息屡屡见诸报端。

根据新世纪老龄化社会的养老需求，社会养老应是以老年公寓为依托载体的多功能、全方位、综合性的老年人生活服务中心。

随着人民生活水平的不断提高，老年人服务将逐渐形成一种产业，存在巨大的市场前景，有人称之为朝阳时期的“夕阳”产业。

案例

北京太申祥和山庄

1999年建成开业的太申祥和山庄（国际敬老院）就是一家以市场化运作、适应现代老人需求、定位较高的新型老年公寓。它位于京昌高速公路辛庄桥西面，占地150亩，建筑面积10万平方米，均为清一色的仿古宫廷建筑，并辅以苏州园林式风格；中轴七进殿堂，周围亭台水榭、走廊环绕，客房区庭院典雅、曲径通幽，令人心旷神怡。山庄的布局本着“老有所养、老有所医、老有所学、老有所乐、老有所为”5大功能设置。老人入住均为宾馆式单人或双人住房，设施齐全；国医馆特聘国内知名中西医专家坐诊，并例行健康体检；老年大学有适合老年人特点的各种教学，学有所用；娱乐区设有保龄球、棋牌室、健身房、歌舞厅和游泳池等，喜欢钓鱼的老人不出院门即可尽兴垂钓；山庄辟出的300亩自留地，还可供老人种植瓜果蔬菜，并聘请农艺师指导。同时，这里24小时提供热水，星级宾馆服务水准，而且入住后所有服务设施均免费，使老人有“家”的感觉。

北京高档老年公寓太申祥和山庄局部实景

2. 北京老年公寓现状调查

根据老龄委、老年协会、民政系统及新闻媒体各方面的信息而得出的一份“北京市老年公寓发展的市场化研究”报告中指出，他们所调查的7家老年公寓（为了比较，包括敬老院、福利院，见下表）基本上反映了北京市养老机构的发展方向，地点大多在城市近郊区。

北京老年公寓基本状况表

名　称	地　址	占地面积（平方米）	建筑面积（平方米）
东城区老年公寓	东四十三条	—	1000
顺义老年公寓	顺义石园北区	70000	11000
香山老年公寓	海淀香山外	6000	6000
朝阳东方老年公寓	朝阳区北皋	6600	9000
中华福寿全敬老院	丰台五里店	17200	7200
四季青乡敬老院	海淀四季青	14000	6000
北京市第一福利院	北郊祁家豁子	—	5000

名　称	主办者	收费情况［元/（人·月）］	床位数（张）	入住人数（人）	入住率（%）
东城区老年公寓	区民政局	750～1000	40		
顺义老年公寓	区民政局	200～900	440	180	41
香山老年公寓	乡办公司	310～750	280	200	71
朝阳东方老年公寓	私人	450～1380	300	80	27
中华福寿全敬老院	运输公司	260～750	400	150	38
四季青乡敬老院	乡政府	270～670	400	380	95
北京市第一福利院	市政府	540～900	400	380	95

注：收费情况为住宿服务费，另加150～300元的伙食费，冬天再加每月50～150元的取暖费。

调查得知，这些老年公寓大多是近一两年开办的，入住率并不高，首先是宣传力度不够，许多有入住需求的老人并不知道这些老年公寓，或者听说过但并不了解实际情况，以为跟养老院差不多。明显的例子就是朝阳东方老年公寓在《北京晚报》上做广告后，1个月就新住进了20多名老人，占原住人数的25%。其次是费用问题，收费越高，住的人越少，同一家老年公寓中收费较低的中低档房间住的人比高档房间多，可见对一般老人来说价格还是很重要的。另外，各公寓都有4%～8%的外地老人入住，他们的子女都在北京工作。

从经济效益来看，未赢利的老年公寓项目，主要原因还是入住率问题。因为据分析，一般入住率在一半左右，即可基本

保证收支平衡。

在所调查的老年公寓中，其设施基本上满足了老人的需要，也有的利用率不高。各公寓都有医务室、活动室、娱乐室、图书室；有的还有花园、鱼塘、泳池、健身房；高档住房有中央空调、电话、彩电、地毯、24小时供热水的独立卫生间，还有监测器、呼叫器等。公寓提供全天候服务，服务人员都经过上岗培训，能够满足基本生活起居服务，态度较好；医护人员能进行一般救护及日常用药，重病及时送医院治疗。但各老年公寓都缺乏老年心理医生，这恰恰是许多老人需要的。

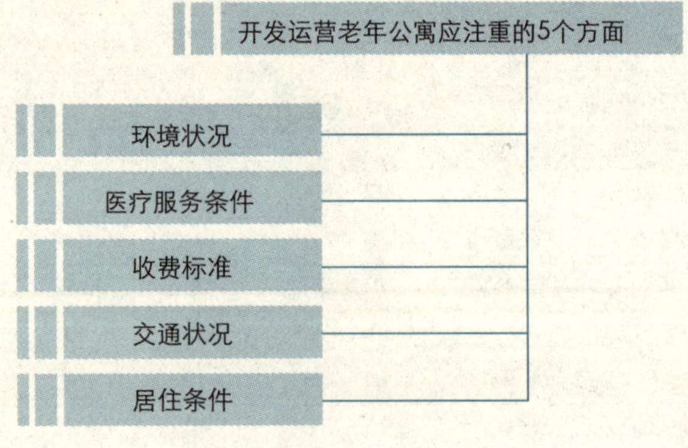

开发运营老年公寓应注重的5个方面

北京东方太阳城景观——富春园

在北京的老年公寓中，顺义老年公寓和香山老年公寓外部环境好，空气清新，住房方便舒适，收费适中；东方老年公寓和东城区老年公寓房间装修等硬件设施很好，收费较高；中华福寿全敬老院和四季青乡敬老院条件稍差，但收费较低，工薪阶层即可承受；福利院与老年医院在一起，治疗方便，且有政府福利色彩。除第一福利院外，这些老年公寓基本上都是市场化运作。

鉴于北京不少老年公寓项目未实现赢利的实际情况，开发运营老年公寓主要考虑以下几个因素：

① 环境状况：喜欢登山的老人倾向于选择香山老年公寓；

② 医疗服务条件：老年人难免生病，医疗护理和抢救条件自然重要；

③ 收费标准：每月500～900元，能为多数老人接受；

④ 交通状况：不希望太远，节假日便于和子女团聚；

⑤ 居住条件：应该有室内卫生间和洗浴设备，多数老人喜欢住平房。

还有重要的一点，大部分老人住老年公寓并非只是简单的养老，他们更希望在与其他老年人的交流中寻找到共同的话题，摆脱孤独和寂寞，最终在精神上有所寄托。

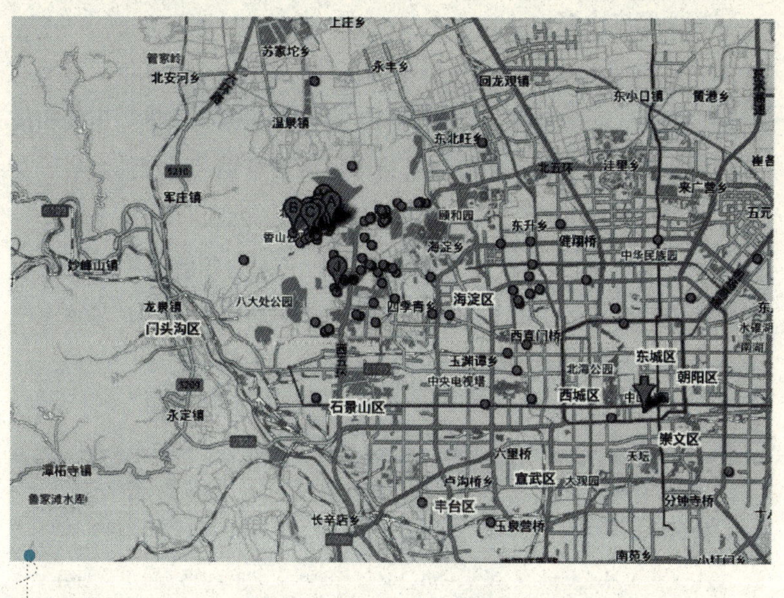

北京香山已经成为中外闻名的旅游胜地，也是老年人的理想养老之地，借势香山的老年公寓项目，对老年人都有相当的吸引力

3. 北京老年公寓入住老人情况分析

在所调查的7家老年公寓中，随机访问了20位老人，了解了入住原因、对老年公寓的看法、费用来源等问题，从一个侧面反映了现住老年公寓者的基本情况。

在调查设计的12个问题中，入住老年公寓的原因主要是家里生活不便、有病、无人照顾，个别人是因为与子女不和，有些人认为老年公寓环境好，空气好，省心方便，所以愿意来住。选择老年公寓主要看环境、服务和收费，也有多人觉得能离家近一些更好，具体选择哪一家多数是子女建议的，他们一般都先来实地考察一下，认为满意就来住了，选择的余地并不大，因为往往只知道一两家，多是从报纸报道中得知的，有少数是朋友介绍或就在原住家附近，建设时就知道，觉得不错，开业就住进来了。子女对老人住老年公寓大多比较支持，个别有顾虑的亲自考察了公寓的条件后也同意了，因此老人与子女一般都能够取得一致意见，老人高兴而来，子女满意而去，逢节假日再来看望或接回家中小聚。

在访问的对象中，住老年公寓时间最长的已有1年，最短的刚住两天，大家对所住老年公寓的条件（服务、设施、房间布局等）大都比较满意，收费也算合理，能够承受（无退休金者子女经济条件都不错），平均每人每月支出800元左右。

另外，通过对香山老年公寓入住老人的年龄结构、文化程度分布、职业及户口所在地分布统计的分析可以发现，基本上代表了各老年公寓入住者的一般情况，列表如下：

受访者的年龄分布

年龄	<70岁	71~80岁	81~90岁	>90岁	合计
男（人）	23	44	27	9	103
女（人）	23	32	27	6	88
合计（人）	46	76	54	15	191
比例（%）	24.1	39.8	28.3	7.8	100

受访者的文化程度分布

文化程度	文盲	小学	初中	高中	大学	合计
男（人）	11	21	22	19	30	103
女（人）	22	17	11	13	25	88
合计（人）	33	38	33	32	55	191
比例（%）	17.3	19.9	17.3	16.7	28.8	100

受访者的职业分布

职业	工人	教师	干部	其他	合计
男（人）	40	7	54	2	103
女（人）	18	15	33	22	88
合计（人）	58	22	87	24	191
比例（%）	30.4	11.5	45.5	12.6	100

受访者的户口所在地分布

户口所在地	东城	西城	崇文	宣武	朝阳	海淀	其他区县	外地
人数（人）	17	28	9	21	25	48	16	27
比例（%）	8.9	14.7	4.7	11.0	13.1	25.1	8.4	14.1

4. 把握北京老年公寓的市场前景

为了掌握更翔实的资料，他们对北京城近郊区有老人的家庭进行了问卷调查。调查抽取400个样本入户访问，经审核获得有效问卷398份。

调查表明，北京老年人是需要多功能老年公寓的，具有较大的潜在市场，影响其成为现实市场的主要因素是价格。

（1）被访者接受的价位较低，平均承受价为每人每月1126元

为了了解被访者对老年公寓的价格承受能力，调查中对被访者介绍了设想的服务项目和配套设施。被访者在了解了未来多功能老年公寓的详细情况并提出各种意见和建议后，89.5%的人表示只能承受每人每月1500元以下的收费标准。其中56.8%的人表示只能承受1000元以下。按照调查结果加权计算，每人每月的平均承受价格为1126元（见下表）。

被访者可承受的每人每月租金

每人每月可承受月租金（元）	比例（%）	加权平均月租金（元）
1000以下	56.73	1125.64
1000~1500	32.75	
1501~2000	5.85	
2001~2500	0.58	
2501~3000	2.92	
3001~4000	0	
4001~5000	0	
5001~6000	0.58	
6000以上	0	
只要服务好收费无所谓	0.58	

要点提示

根据对北京上述几个老年公寓的调查，显示出住老年公寓的老人有以下几个特点：

①年龄结构偏大，65岁以下的较少，大多在70岁以上，平均年龄75岁左右；

②行动不便的老人居多，占到一半以上，多数老人患有不同程度的老年疾病；

③各公寓都有一定数量的外地人入住；

④住老年公寓的费用大部分由子女或亲属支付；

⑤老人对设施要求不高，注重服务与环境。现在入住的老人以及家属普遍对老年公寓的条件表示满意，许多中青年人表示自己老了也来住。

（2）根据以往经验，被访者实际可承受能力为每人每月2000元

在市场调查中，消费者往往把价格承受力报得很低。根据经验，在一般情况下商品的实际上市价，为调查平均价的150%～200%都是可行的，但原则上不要超过调查平均承受能力的两倍。照此估算，未来多功能老年公寓的收费标准可以定在每人每月2000元左右。

（3）未来北京人的承受能力与维持多功能老年公寓正常运行开支略有差距

初步估算，建一个规模在600套住户左右的21世纪多功能老年公寓，其征地、建房、设施、温泉、绿化等硬件投资约6000万元，每年的运行管理费用约1000万元，利息约500万元。如按5年回收投资，每年必须有2700万元营业收入，按入住率80%计算，分摊在每一套住户每年收费5.6万元，平均每月4700元左右。如果按每户住两位老人计，平均每人每月2350元左右，略高于未来北京老人的承受能力。

（4）未来多功能老年公寓市场容量

调查中愿意租住未来多功能老年公寓人员的价格承受能力如下表：

愿意租住多功能老年公寓者承受能力分布 单位：人

可承受月租金（元）	1000以下	1001～1500	1501～2000	2001～2500	2501～3000	只要服务好，无所谓
非常愿意（44人）	22	16	4	—	2	—
比较愿意（114人）	52	48	4	2	6	2

考虑到访问时被访者所报承受能力偏低的因素，可以比较有把握地认为：愿意租住，且调查时每人每月价格承受能力上

限在2000元的人，都将是未来多功能老年公寓的有支付能力的潜在用户。这些人的总样本数为146人，占样本总数158人的92.4%。

调查的样本代表未来5～10年北京市市区中上收入水平家庭。对应总体为100万户左右。按照相对保守的5%估计，21世纪初，北京有支付能力的老人对多功能老年公寓的需求将有5万户，按每户每年5万元支出，这就是一个25亿元的巨大市场。而且，一部分海外侨胞，他们有着落叶归根的夙愿，一个设施完备、服务周到的老年公寓会是他们的选择；一些子女在国外的老人为了让孩子放心也会入住老年公寓，这又是一个很大的市场。

调查分析显示，普通居民的支付能力尚不能完全覆盖多功能老年公寓的运行成本，实际运作中，政府尚需在地价、税收、贷款利息等方面给予优惠政策。

另外，老年公寓的经营者也应从自身管理上、经营方式上寻找多种途径，控制运行成本。这样，实现市场化运作是完全可行的，并且可以有稳定的投资回报。

（5）市场化运作是北京老年公寓发展的必然趋势

北京老年公寓市场的出现不是偶然的，既是人口老龄化发展的结果，又是商品经济发展到一定阶段的产物。从市场学的角度来看，市场经济是商品经济的实现形式，市场既是生产与消费的纽带，又是需求与消费的桥梁。作为老龄产业中的主要消费群体——老年人，从需求到消费在很大程度上必须通过市场这个桥梁才能完成。老年人数的增加，购买欲望与购买力的逐步提高，会引起市场需求结构的变化，并会呈现出老年市场

北京高档老年公寓太申祥和山庄局部实景

需求扩大的趋势。

随着我国市场经济体制的转轨，商品经济的日益发达，消费市场格局必将随着消费结构的变化而调整，特别是老年消费群体的出现与日益扩大，客观上要求从消费市场体系中派生出一个能满足老年人特殊消费需求的特殊市场。

要点提示

老龄产业是一项巨大的社会系统工程，又是一项综合的、多元化的社会福利公益事业。但是必须看到，我国尚处于社会主义的初级阶段，国民经济的发展还不能满足老年人的各种需求，完全依赖政府投入来发展老龄产业，显然是不符合我国国情的。

老龄产业的发展速度和规模，首先取决于老年消费人口的数量，一般情况下，老龄产业的速度和规模人口数量越多，消费需求也越大，因而市场的容量也就越大；其次，老龄产业的速度和规模取决于老年人口收入水平的高低，我国老年人的人均收入水平从整体上看比较低，但由于我国老年人口的绝对数量特别大，仅其中一部分高收入者，就是十分可观的消费群体，会形成较大的潜在市场。从发展趋势来看，随着国民经济的增长，老年人的退休金收入也会随之增长，并有一定的个人储蓄，其购买潜力非常大。

当然，老龄产业的发展不仅取决于老年人的购买欲望的强烈程度，其高低在很大程度上取决于老年人的消费观念和生活方式的转变。许多老年人已从往日那种“重积累、轻消费，重子女、轻自己”的传统观念中走了出来。

上海老年公寓的市场特征

1988年6月，安徽省安庆市创办了全国第一家老年公寓，1990年5月，上海市第一家老年公寓在浦东落成。

价值点1	价值点2	价值点3
上海人口老龄化率达到7%	上海老人选择居家养老方式的占了大部分	上海老年公寓供给不足，存在改善性需求

1. 上海老年公寓市场需求分析

在1982年全国第三次人口普查中，上海市老龄化率为7.37%，超过了世界卫生组织规定的7%的老龄化率，成为全国第一个老龄化城市。早在2002年年底，上海60岁以上老年人就已达249.5万人，占全市人口的18.7%。20多年来，上海市老年人口以年5‰的速度递增。与此同时，计划生育政策的实施导致了大量4∶2∶1的家庭结构，即夫妻两人同时赡养4个老人、抚育1个小孩，背上了沉重的养育负担。下面，从老年人养老方式选择的角度，对上海老年公寓市场的需求进行初步探讨。

根据一些调查分析表明，影响老年人养老方式选择的主要因素有老年人的家庭观念、收入情况和居住环境等。

家庭是影响老年人选择的首要因素。三世、四世同堂是几千年来中国传统的家庭结构，老年人的社会保障概念很薄弱，进养老设施养老的观念不可能在短时期内为社会所广泛认同。

收入的影响主要体现在两个方面：

①老年人对今后医疗制度、养老保险等改革的方向不明

养老问题已成为不容忽视与回避的社会问题。老年公寓将居家养老与社会服务相结合，为解决养老问题开辟了一条新路。

确，宁愿将收入尽量储蓄起来以备不时之需；

②中低收入老年人认为若选择入住老年公寓，他们仅能勉强维持房租、水电等费用，而衣食支出就会不够。

居住环境也会左右老年人的选择。老年人普遍认为市区嘈杂，空气污染严重，房租昂贵，而自己已不再进行频繁复杂的社会活动，没有必要住在市中心。但他们也不愿住在城市远郊，这样既不能很快适应新环境，也给子女探访增加了困难。

老年公寓居住环境及其离现有居住地的远近，将在很大程度上影响老年人的抉择，其需求也要受到地段等区位因素的影响。

2. 上海老年公寓市场的供给分析

上海首家老年公寓于1990年5月在浦东落成。全市仅有很少老年公寓，多由敬老院、福利院等改建而来，并不是真正意义上的“老年公寓”。

上海老年公寓建设存在着种种问题：

投资主体单一，主要为各区政府、民政局或慈善基金会，政府行为的色彩较浓，市场作用不明显，无法满足社会急剧增长的需要。

缺乏合理的建设标准。由敬老院、托老所等改建的老年公寓既达不到应有的建筑标准，也不能体现老年人所期望的家庭氛围。

在选址上存在误区。很多建设者一相情愿地将老年公寓建在空气清新、环境幽雅的城市远郊，以期建成“世外桃源”。然而，从调查结果来看，绝大多数老年人并不喜欢远离城市、远离居住惯了的地方。

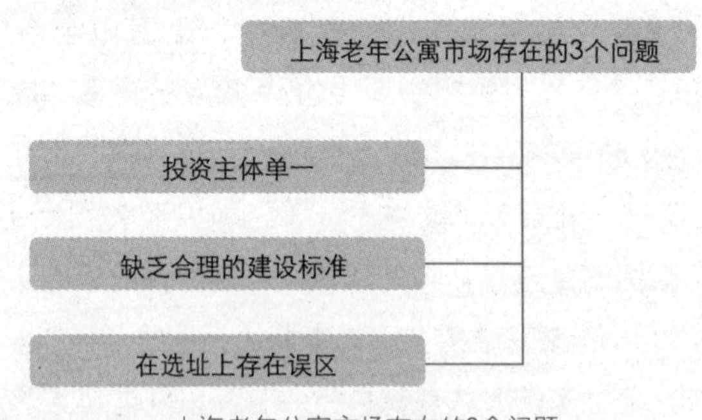

上海老年公寓市场存在的3个问题

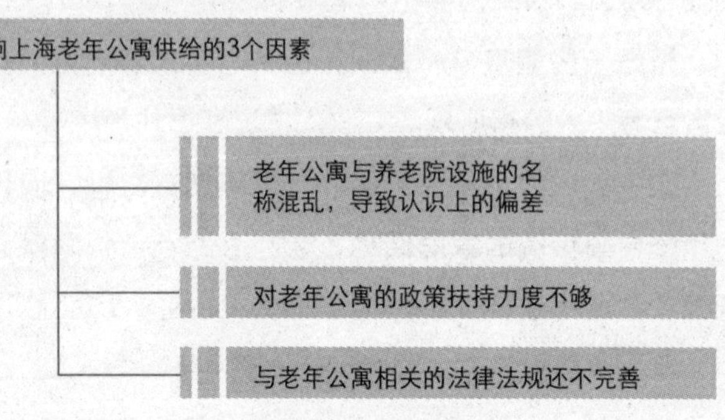

影响上海老年公寓供给的3个因素

影响老年公寓供给的因素：

①老年公寓与敬老院等福利性养老设施的名称混乱，导致供需双方发生认识偏差。老年公寓在入住对象、经营目的、经营机制、规划设计上都与福利性养老设施不同，而现有的所谓老年公寓，在房型、设备、护理和入住老年人情况等方面，几乎都与现有的福利性养老设施没有太大差异。

②对老年公寓的政策扶持力度不够。近年来，不少海外投资者看好上海老年人福利事业这一巨大市场，却因有关部门对于社会办、个人办及外资办老年福利事业没有明确的指导性措施，主管部门态度也不明朗，因而不敢轻易涉足。

③与老年公寓相关的法律法规还不完善。虽然现有法律如《老年人权益保障法》等已对老年人的权益问题有所涉及，但老年公寓作为新生事物还不能在法律法规上找到依据。老年公寓是营利性养老设施，针对福利性养老设施的法律显然不合适；但它又是为老年人服务的，也不适用于一般住宅开发经营的法律法规。为了保障老年人权益，需要制定相关法律，规范老年公寓的发展。

要点提示

发展老年公寓市场，首先要得到社会的普遍理解和接受，同时转变福利服务由政府包办的传统观念，以引进市场机制为突破口，通过政策引导、规范管理、法规配套，使老年公寓更为有效地满足老年人的需求。

3. 上海老年公寓的潜在需求

预计到2015年，在上海入住老年公寓的人数将达到9万人。按每人30平方米（建筑面积）计算，老年公寓市场需求总量为270万平方米。巨大的潜在需求，将成为房地产开发投资的热点，已有不少海内外资本暗中觊觎这一创新商机。

专业人士普遍认为养老型住宅的投资开发需要3个前提：企业的参与、政策的支持以及对老年人市场整体需求的研究和规划。上海有关部门正在拟订老年公寓的开发计划，将在某些边远区域进行开发试点，并对沪上一些滞销楼盘进行改造，或在一些大规模的小区中设置几幢老年公寓，改“三代同堂”为“三代同区”。

案例

上海东方老年公寓

上海东方老年公寓创建于2006年4月，地处上海市嘉定中心地区，公寓占地面积18000平方米，绿化覆盖率高达50%以上，2007年度被评为上海市福利行业重点项目达标示范单位。

公寓设有多种房型，可同时容纳350位老人居住，每套房间配有独立的卫生洗浴设施，空调、彩电、饮水机、电话等设施一应俱全。

公寓提供全面和个性化相结合的服务，配备专业医护队伍，不仅为每位入住老人建立个人健康档案，同时结合老人的个性需求提供人性化专业照顾，注重全面、周到、体贴的细节。

餐厅提供由专业营养师调配适合老年人食用的精美膳食，为护理老人提供配方营养餐，同时提供小餐厅供亲朋好友聚餐会友。

（1）公寓仍是绝大多数被访者购买养老型住宅的首选物业形态

根据问卷调查显示，上海月收入8000元以上的人群中，55%的被访者表示愿意购买养老型住宅，其中，40岁以上的中年人购买意愿尤为强烈。带电梯的多层公寓、两室一厅、兼顾社区会所老年社交活动的小区，成为中老年被访者选择最多的物业类型。

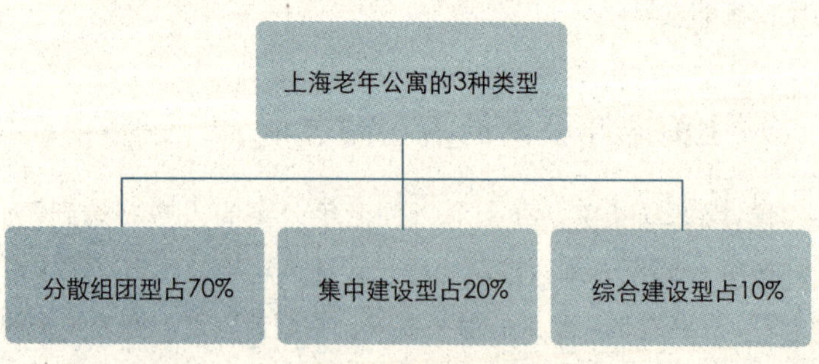

上海老年公寓的3种类型

上海老年公寓可分为3种类型，按7：2：1的比例划分，即分散建设的老年公寓组团占70%（约189万平方米），集中建设的老年公寓小区占20%（约54万平方米），综合建设的“老年城”占10%（约27万平方米）。

要点提示

上海正在与欧盟合作，尝试建立一个评估体系，评估哪些老人可以进入由公共财政支持的养老机构。根据设想，评估将跟踪进行，已经入住老年公寓的老人如果经济状况改善，则要将资格让位，形成一个能进能出的体制。未来，由公共财政支持的养老机构将有针对性地向老年群体开放。

（2）老年公寓巨大的潜在需求，将成为房地产开发投资的热点

尽管大规模的养老型住宅投资开发尚未形成，但早已有海内外资本暗中觊觎这一创新商机。上海市房产经济学会相关负责人曾接待过的一个美资地产投资集团，瞄准的就是上海老年社区、老年公寓的开发项目。

同时，专业人士也认为养老型住宅的投资开发需要3个前提：企业的参与、政策的支持以及对老年人市场整体需求的研究和规划。

（3）“三代同堂”向“三代同区”模式的转变也在逐步进行

上海有关部门正在拟订老年公寓的开发计划，将在某些边远区域进行开发试点，并对沪上一些滞销楼盘进行改造，或在一些大规模的小区中设置几幢老年公寓，改“三代同堂”为“三代同区”。专家认为，上海可以考虑在近年市政府基础投入大、自然环境好、交通较方便的近郊地区开展老年公寓的规划和建设。一方面，市郊地价较低，可以控制成本，以减轻老年人的经济负担；另一方面，市郊空气清新，有益于老年人的身心健康。

案例

上海金色港湾老年公寓

上海金色港湾老年公寓是在政府支持和扶植下，由企业投资1200余万元兴办的一所新型的多功能养老服务机构，由“金色港湾老年公寓”“老年护理院”“老年日间护理中心”“老年社会服务中心”“老年社交活动中心”“老年文化娱乐中心”6个服务部门组成的家庭式老年公寓，为老年人开设了以满足老年人的各种需求为目的的各项服务，为老年人提供生活照料、护理康复、社交和文化娱乐服务，是老年人温馨、快乐的家园。

南楼位于开平路110号，建筑面积3500平方米，50间标准房，165张床位，底楼有250平方米的多功能大厅，入住率100%，业已住满。北楼位于开平路100号，拥有60间标准房，150张床位，大楼底层设有：医疗保健室、棋牌天地、百味书屋、网络世界、文艺之家、情感交流室、康复健身房、视听乐园、美发美容室等活动设施。

上海金色港湾老年公寓的保健站已经上海市民政局批准纳入医疗保障结算范围，保障老人的健康、方便住养老人的就医用药。

4. 上海老年人口状况

上海市老年人口逐年递增，2006年就已经达到275.62万人，占全市人口比重20%以上，未来将进入老龄化加速发展期。

2005年，全市1357万人，户籍人口中60岁及以上老年人数量为266万人，占全市总人口的19.6%。到2007年1月，上海市民政局、统计局公布的本市老人人口统计信息显示，申城老人比2005年增加9.25万人，60岁及以上老年人口达到275.62万人，首次突破20%。2010—2020年将进入高速增长期。

（1）2007—2010年上海市老年人口每年增长7.5万人

我们在2000年以前对今后上海老龄化的趋势作了大致的预测，大致可以分成4个阶段：第一个阶段是从2000年到2005年，称为平稳发展期，当时预测老年人口年均将增长2万人；第二个阶段是从2006年到2010年，称为中速增长期，老年人口年均增长7.5万人；第三个阶段是2011年到2020年，称为高速增长期，年均增长14万～15万人；第四个阶段是从2021年到2030年，上海的老年人口将有一个增长的高峰期，老年人口要达到460万人左右，占总人口的32%，也就是说每3个上海户籍人口中有1位是老年人。

上海老年人口发展的4个阶段

通过分析2007—2050年上海市人口老龄化发展预测数据，未来上海市户籍和常住人口老龄化发展将主要有以下几个特点：

①未来上海市人口老龄化将达到一个非常高的程度，到2050年，户籍老年人口将增加172.67万人，达到439.04万人；常住老年人口将增加150.05万人，达到449.43万人。

②未来上海市人口老龄化将在2010—2020年经历一个高速增长的时期，在2025—2030年达到老龄化增长的高峰，之后老年人口呈下降趋势，但是总体上仍将维持在相对较高的水平。

③上海市高龄化将在2025—2040年经历一个高速增长的过程，比老龄化的高速增长滞后15～20年，并在2040—2045年达到高峰，之后高龄化的比例将略有下降。

④未来上海市总赡养系数主要受老年赡养系数的影响。老年赡养系数随时间的发展越来越大，在2025—2030年达到高峰。随后略有下降但仍维持在较高水平，2040—2045年将进一步提高。从户籍和常住的老年人口赡养系数的比较，以及不同年龄段分组的老年人口赡养系数的比较可以得知，持续引入外来人口和推迟退休年龄对减轻未来上海市赡养压力具有非常积极的作用。

（2）上海老年人口经济支多收少，老年人住房需求水平下降

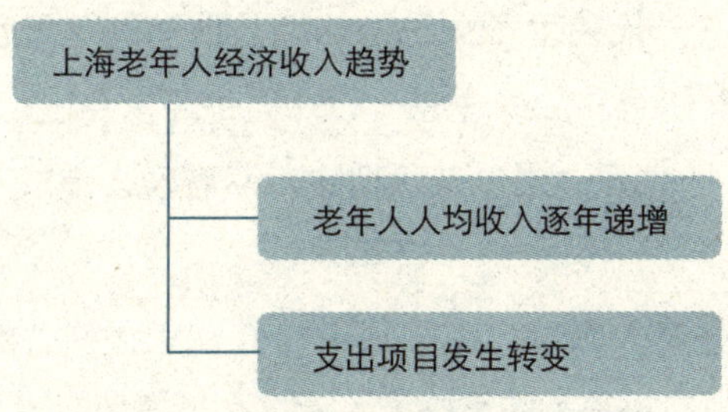

上海老年人经济收入趋势

① 老人收入平均水平为每月1077元，老年人人均收入逐年递增。老年人口养老金水平与退休前的单位性质和从事的职业有密切的关系。其中，“党政机关”平均养老金最多，为1837元/月；“事业单位”次之，为1390元/月；“国营企业”第

要点提示

上海老年人口的收入水平、支出水平、经济总体水平在不断提高，但与全市平均水平相比还比较低，且差距仍在扩大。男性老年人口、城镇老年人口收入来源侧重于稳定、有保障的『养老金』；女性老年人口、农村老年人口的收入来源侧重于不稳定、没有保障的『子女（孙辈）或其他亲属补贴』。生活必需型支出所占比重明显降低，而交通通信、学习娱乐等所占比重明显上升。从单个项目来看，饮食支出仍然是最主要支出项目，但医疗费用逐渐成为重要的经济负担。女性老年人口、高龄老年人口和农村老年人口是经济弱势群体，他们收入少，且缺少保障、消费水平低，对经济状况总体评价也低。

三，为1016元/月；“集体企业”第四，为732元/月；而“农户”最少，为409元/月。但总体而言，上海市老年人人均收入每年呈现上升态势。

②老年人支出水平提高，支出项目发生转变。随着收入水平的提高，被调查老年人口的支出水平也在不断提高。在所有支出中，饮食支出仍然是老年人口最主要的支出项目，但比重在降低；房屋水电煤气费用、给子女（孙辈）或其他亲属补贴也仍是两个重要支出项目，但比重也都在下降；而医疗费用比重在升高，并成为第二大支出项目。

这一方面表明，调查老年人口消费水平还处于较低水平，支出项目仍然是食品、房屋水电、煤气费等生活必需型消费；另一方面也表明，随着上海经济社会发展，老年人口的生活水平与生活质量也有了明显的改善，这突出表现在支出项目发生了重大变化，如在支出项目中，生活必需型支出如食品、房屋水电、煤气费用等所占比重明显降低，而交通通信、学习娱乐等所占比重明显上升。

5. 上海老年人生活习性

上海的子女因种种原因不在老人身边，因此“空巢”老人越来越多。第一代独生子女纷纷结婚，他们的父母也都步入老年，即使子女们想和父母住在一起，但是经常会出现1对小夫妻面对4个老人的情况，难以兼顾两边，从客观上造成了“空巢”老人的出现。

对于这些老人来说，由于缺乏社会和家人的关怀，他们经常会感到孤独，精神上容易空虚，尤其是过节的时候，他们更渴望享受天伦之乐。遇到紧急情况，如疾病、火灾等，老人的生命安全将受到威胁。

上海老年人群除了少部分住在敬老院外，绝大部分都是与子女居住或独自居住，他们对一日三餐的“买汰烧”力不从心，不少人每日三餐草草应付，营养和安全难以保证。

上海一些社区开出了为老人提供饮食服务的机构，几乎都处于“微利生存”状态。一些社区内的养老院利用自身资源，为社区老人提供中饭、晚饭，但由于条件所限，很难提供大规模服务。

6. 上海老年人购房现状

比起新建的商品房，二手房更能受到老人的“偏爱”。二手房能够吸引老人目光的原因主要有以下几个方面：

首先是经济上的考虑。老年人的收入来源往往是退休金或是儿女给的赡养费。这些收入一般不会太多，而老人贷款购房会受到多方面的限制，即使能贷款也要求购房者每月有稳定且较高的收入，因此老年人宁可选择总价稍低一些的二手房进行购买。

其次，成熟的社区配套是关键。社区配套包括医疗、餐饮、购物、电梯配置等设施，这些设施关系到购房者每天的生活便捷程度。而相对于新的小区来说，二手房由于居住时间较久，一般都能形成相对成熟、完善的配套，从而使老年人省心不少。

另外，位置也是相当重要的一个原因。由于上海的房地产市场持续走高，可供选择的新盘越来越少；而为父母购房的子女为了方便照顾老人，都会尽量选择距离近的房子。

北京东方太阳城景观——富春园

重庆老年公寓的市场特征

截至2010年3月，重庆全市有9个区县没有区县级社会福利院。同时，部分区县社会福利院床位不到50张，规模小，条件差，不能满足城镇“三无”人员供养服务需求。

价值点1	价值点2	价值点3
重庆老龄人口比重很大	重庆老年公寓的供应严重不足	重庆老年公寓的档次普遍偏低

重庆老年公寓2010年后3年内有望新增床位3万张。针对重庆市还缺乏操作性强、吸引力大的支持养老服务社会化的政策，重庆市民政局提出，市政府出台社会办养老机构的支持政策，力争3年新增床位3万张，使重庆市每千名老人拥有养老服务床位达到20张。

1. 重庆市老龄化现状

（1）人口老龄化加剧

中国老年人口的绝对数量最多的直辖市——相信这是重庆不得不戴上的桂冠。2000年全市65岁及以上的老人为244.54万人，每100人里8人年龄超过65岁；2004年年底全市年满60周岁以上的老人已达414万人。这种壮观的老龄化趋势不会停滞，在未来几年还会逐年上升，到2010年，老年人口达到500万人，占全市总人口的15%，相当于每6个重庆人里就有1位老人。

重庆市65岁及以上人口达到了10.9%，80岁以上高龄老人达到1.6%，这说明重庆在人口老龄化的同时，老龄化也在以平均每年0.1个百分点的速度上升。据有关部门调查显示，重庆市有“空巢老人”180万人，占全市老年人总数的40%以上。

（2）“421”家庭的“泛滥”

长期以来，重庆一直是实行计划生育政策相对严格的地区之一。出生率、死亡率和自然增长率的不断降低，巩固了“低出生、低死亡、低增长”的现代型人口再生产模式。但与此同时，老年人口数量大、上升速度快也成为重庆人口变动的一大隐忧。

4个老人、1对夫妻、1个孩子，这种被称为“421”模式的家庭正越来越多。而“421”家庭引发的一个最主要的社会问题就是养老压力。据调查显示，35%的城市家庭要赡养4位老人，49%的城市家庭要赡养两三位老人。而从赡养费看，35.6%的城市家庭每年花费超过1万元。出于对医疗保险体系的担忧，家庭积极储蓄，不敢增加消费支出，是现在中年人的普遍心态。

东方太阳城酒店外景

（3）“未富先老”现象严重

发达国家在进入老年型社会时，人均国内生产总值一般在5000～10000美元，而中国目前为1000美元。重庆市老年协会的一项问卷调查显示，近半数老年人由于经济收入低影响生活质量的提高，其余的依次为缺乏科学养生知识、居住环境差、身体健康状况不好、生活内容单调、情绪不稳定和子女不孝敬等因素。

东方太阳城西餐厅

更令人担忧的是，重庆市60岁及以上人口基本养老保险覆盖率很低，仅为14.2%；基本医疗保险覆盖率是14.7%，明显滞后于重庆市人口老龄化的步伐。事实上，人口老龄化趋势也考验着养老体制。

2. 重庆市老年公寓市场现状

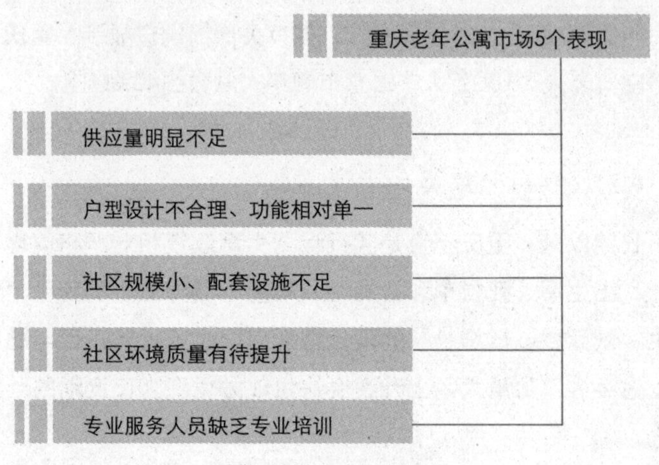

重庆老年公寓市场5个表现

（1）供应量明显不足

重庆城乡社会福利院有142个，农村敬老院1126个。各类城乡养老福利机构床位总数达近6万张，收养老人超过3万人。但重庆市年满60周岁及以上老年人有414万人。按照全市床位数计算，每100位老人才能摊上1.5张床。而按照发达国家的标准，100名老人中，应有5～7人能住进养老院。由此推算，重庆福利设施还远不能满足社会的需求，养老机构的发展空间非常大。

（2）户型设计不合理、功能相对单一

现有的养老院户型面积大小不等，主要为单人间、双人间和多人间，房屋布局不合理，功能不全，不能满足老年人住宅特殊功能要求，更不能从规划设计上充分体现人性化关怀。

（3）社区规模小、配套设施不足

重庆市的养老公寓以中小型为主，多属传统的养老院、福利院，拥有200个床位以上规模的还比较少。整体规划设计落后，生活设施不完善，健身、休闲、娱乐设施单一，医疗护理、

保健不配套，服务水平低下，缺乏人性化，不能满足老年人特别是新一代老年人的心理和生理需求。

（4）社区环境质量有待提升

重庆市现有的养老院中，绝大部分坐落在主城区内，噪声和空气污染大，且多数的养老院用房是经翻新过的民宅和企事业单位用房，房屋简陋，内部安全隐患突出，绿化植被缺乏，总体环境质量有待提升。

（5）专业服务人员缺乏专业培训

在老年公寓从事服务的人员多为下岗职工，他们没有经过专业的上岗培训，缺乏心理和护理专业知识，对老人的服务只是满足于简单的端茶、送饭、洗衣，而无法从老年人的心理和生理需求的角度出发，提供人性化的全方位专业服务。

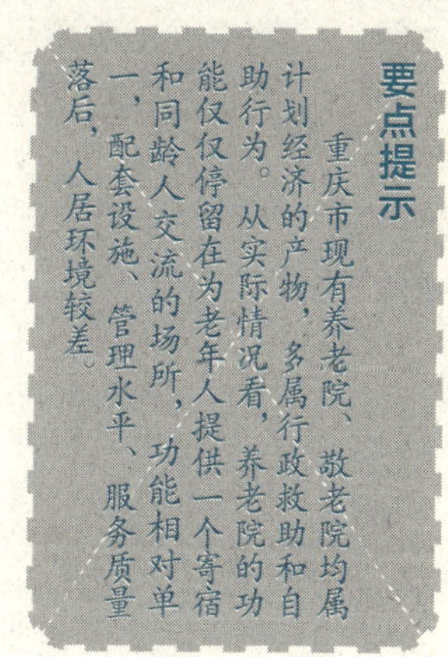

3. 重庆市人口总体状况及主城区老年人口分布情况

从重庆的总体人口数量来看，绝对数量已经很大，高达3400万人。其中，老年人口的总数量达到500万人，其中单身老年人总数达到200万人。

庞大的绝对数量，形成了庞大的市场需求。从人口总数和老年人总数的情况来看，重庆的老年公寓市场有很大的发展潜力。

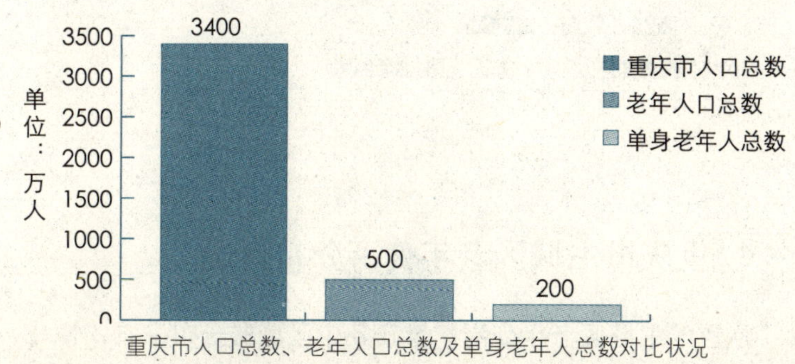

重庆市人口总数、老年人口总数及单身老年人总数对比状况

重庆市主城区人口数量也非常庞大，高达720万人，其中老年人口总数就有90万人，单身老年人口数量为36万人，从主城区老年人口的数量可以发现，重庆的老年人口分布比较散，城市化程度不够，这恰恰提供了开发老年公寓的机会。

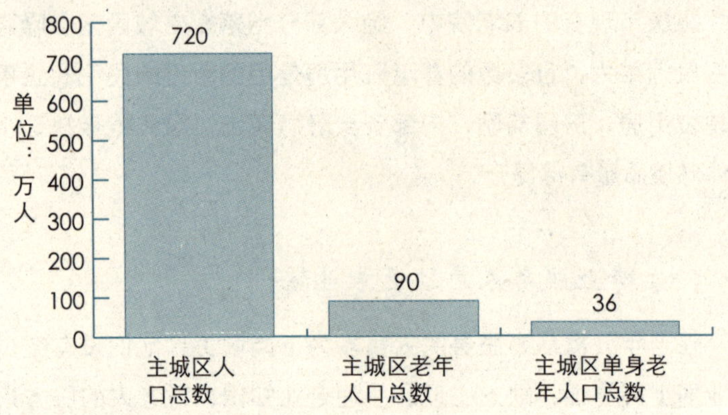

重庆市主城区人口、主城区老年人口和主城区单身老年人口总数的对比状况

重庆市主城区老年人口分布比较均衡，各个区域之间的差别不大，从老年人的绝对数量来看，九龙坡区的老年人口最多，江北区的老年人口最少。从年龄段来看，65～70岁、71～75岁和76～80岁的老年人的数量也是差别较小。

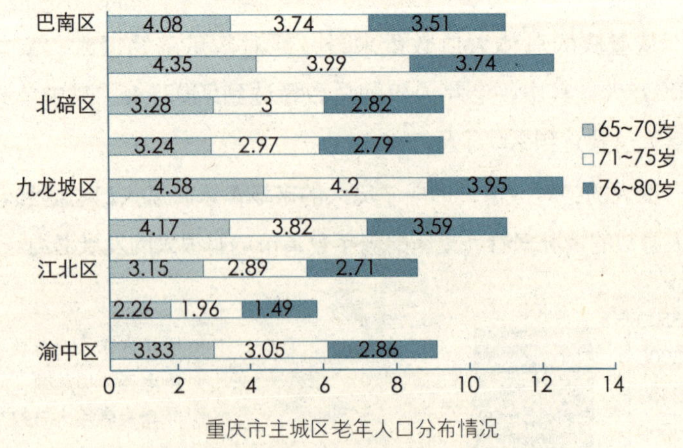

重庆市主城区老年人口分布情况

4. 重庆市主城区老年公寓分布情况

从重庆主城区老年公寓数量在各个区域的分布来看，渝北

区所占的比例最高，其次是巴南区，最少的是江北区，仅占全市老年公寓数量的2%。

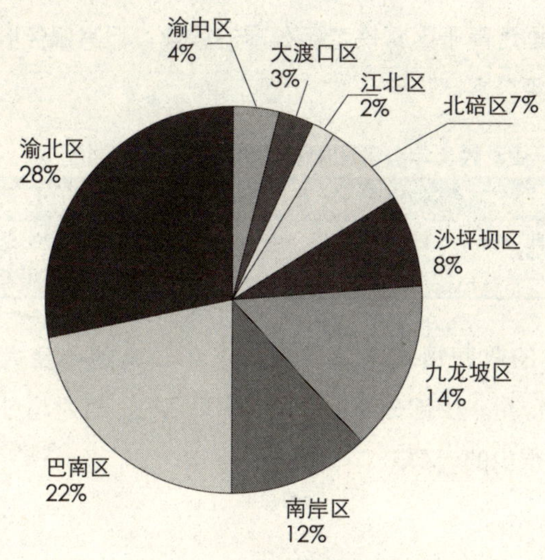

重庆主城区老年公寓分布比例

5. 重庆市主城区老年公寓床位分布情况

从床位分布来看，重庆市主城区老年公寓的床位数量在各个区域的数量相差比较大，巴南区、南岸区、九龙坡区和沙坪坝区的老年公寓数量占据了重庆市主城区老年公寓床位数的大部分。

东方太阳城酒店外景

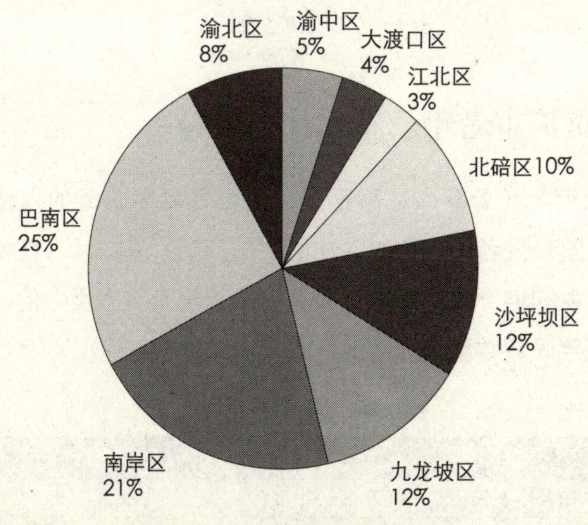

重庆主城区老年公寓各区床位比例

6. 重庆市老年公寓收费情况分析

重庆市的老年公寓分为民营和国营两种。重庆民营性老年公寓的数量远远高于国营性老年公寓的数量，但其服务收费均低于国营性老年公寓。

民营性老年公寓和国营性老年公寓收费对比

公寓类型	数量（所）	收费情况
国营性老年公寓	15	800~1200元/月
民营性老年公寓	82	650~3950元/月

从整体的收费情况来看，重庆老年公寓的收费大部分为800~1200元/月，少部分是低于每月800元的，每月超过1200元的也只占有很少的一部分。

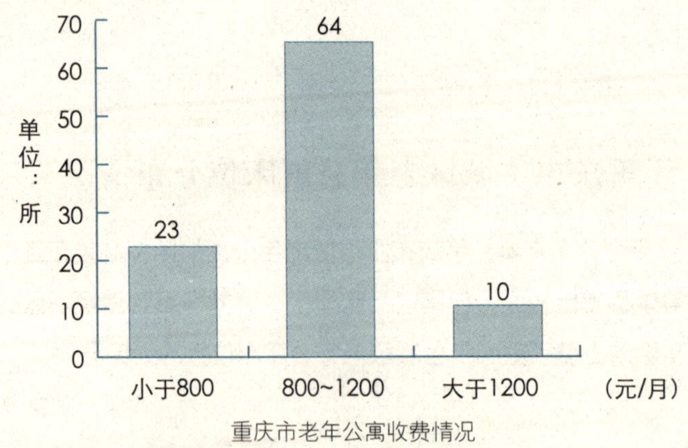

重庆市老年公寓收费情况

7. 重庆市老年公寓入住率分析

重庆市老年公寓入住率很高，民营性老年公寓的入住率高达85%，国营性老年公寓的入住率更是高达95%。从入住率很高的情况可以知道，重庆市老年公寓的需求是有很大潜力的，因为重庆的老年人口数量是非常庞大的。

入住率情况对比

公寓类别	入住率
国营性老年公寓	95%
民营性老年公寓	85%

8. 重庆市老年公寓低、中、高档次情况

老年公寓按档次分类：可分为低、中、高档次老年公寓。重庆市在中高档次老年公寓方面是相当稀缺的，低档次的老年公寓占据了97%的绝大多数，中高档次的老年公寓仅有3%的比例。从这一点可以知道，重庆中高档老年公寓的潜在市场潜力会很大，老年公寓的潜在改善性需求很强烈。

东方太阳城中餐厅

重庆市中高档次老年公寓的代表项目主要有重庆市九颐园老年公寓、重庆市彩虹园老年公寓和重庆市侨发老年公寓3个项目。

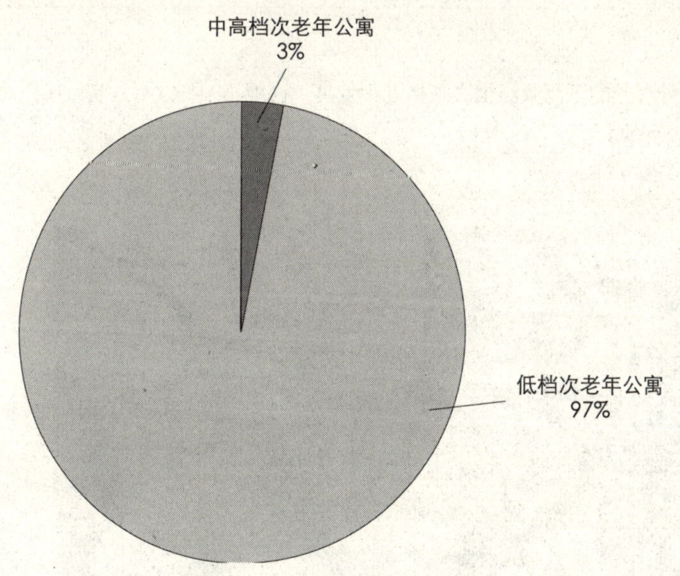

重庆中高、低档次老年公寓权重

重庆侨发老年公寓

重庆侨发老年公寓是重庆侨发公司投资兴办的三星级宾馆式高档老年公寓，占地7000平方米，初设床位100张（其中护理老人床位30张，自理老人床位70张）。

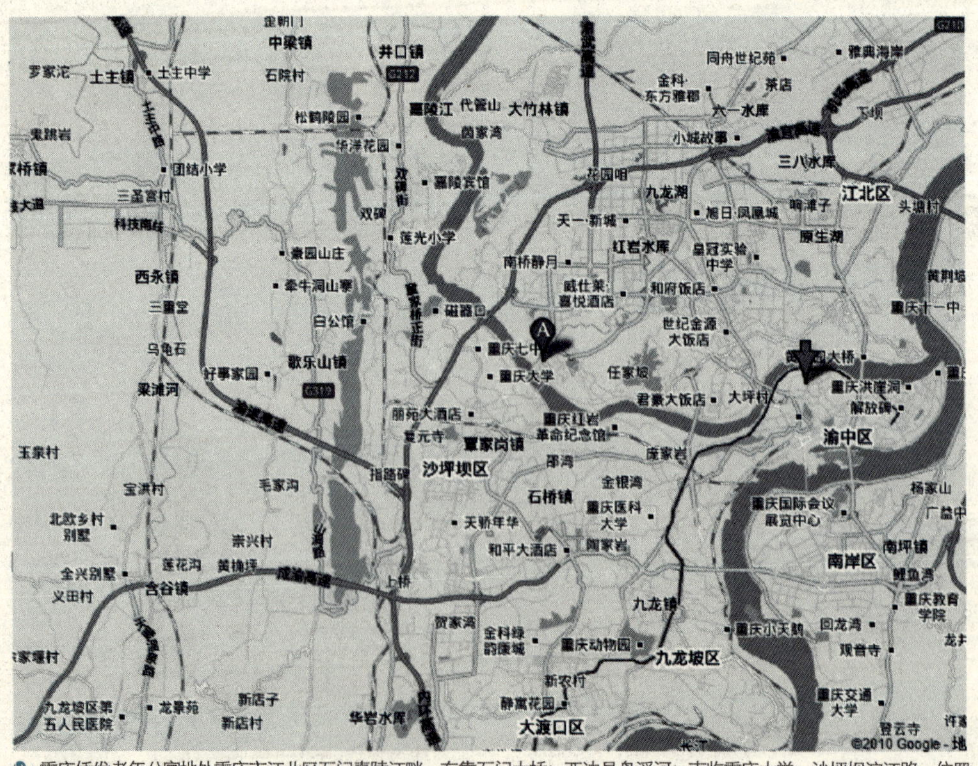

重庆侨发老年公寓地处重庆市江北区石门嘉陵江畔，东靠石门大桥；西边是盘溪河；南临重庆大学，沙坪坝滨江路，位置非常优越

公寓的服务项目

呼叫服务：24小时值班服务，各房间均设呼叫系统。

健身服务：设健身房等体育设施，老人根据自身情况或遵医嘱在规定时间内进行健身锻炼。

文化服务：图书室、阅览室、多功能厅定时开放，有专职人员服务并适当组织活动。

医疗服务：由本公寓大夫或聘请专家定期为老人进行健康咨询、指导和医疗服务。

生活服务：为老人打水、备餐、分餐，还为老人整理床上用品，打扫桌面、窗台、地面，清洁卫生间等。

侨发老年公寓的大门

侨发老年公寓的卧室之一

侨发老年公寓的卧室之二

亲情服务：倡导精神赡养，尽最大可能让老人保持心情舒畅，生活愉快，晚年幸福。

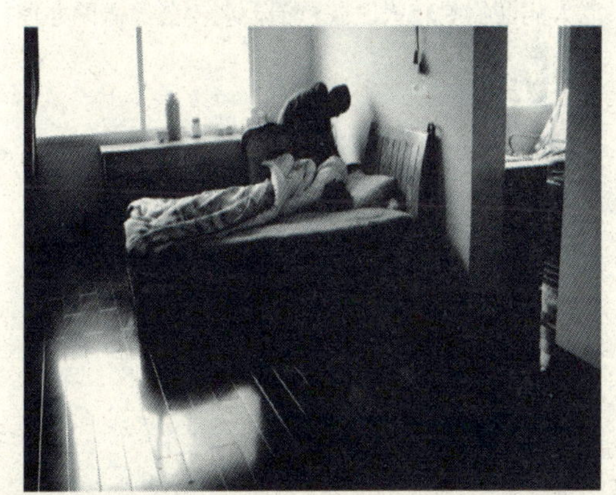

侨发老年公寓的卧室之三

侨发老年公寓社区景观

公寓中的老年活动中心棋牌室、书画室、琴房、乒乓室、健身房、阅览室、电脑室、影视厅，建设分布在办公楼的3楼。

下表为自理老人的各种服务收费标准，不能自理的老人分为介助老人（在他人的一定帮助下能自理）和介护老人（完全不能自理），介助老人的收费标准是在下表收费标准基础上加收500元/月，介护老人的收费标准是在下表所列标准基础上加收1000元/月。

各种服务收费标准

护理级别	房间类别	床位费（含管理费、杂支费）原价［元/（人·月）］		床位费（含管理费、杂支费）优惠价［元/（人·月）］	伙食费	清洁费	优惠价合计［元/（人·月）］
自理级	单人包间	一等	1000.00	700.00	260元/月	40元/月	1000. 00
		二等	960.00	680.00			980. 00
		三等	940.00	660.00			960. 00
	标准间	一等	610.00	400.00			700. 00
		二等	600.00	395.00			695. 00
		三等	590.00	390.00			690. 00
		四等	580.00	385.00			685. 00
		五等	570.00	380.00			680. 00
	三人间		460.00	300.00			600. 00

其他事项：

①福利基金费每年150元（此款用于入住者的生日庆典、为入住者组织的园内各项活动及各种专题讲座等费用）。

②应急备用金：本市老人1000元人民币，外市老人2000元人民币，离休干部500元。待结账时多退少补。

③费用可按年或按月交纳；如果续签合同，应在合同期满前3天办理手续并续交费用。

④老人因身体状况有变，需由自理转为半自理，护理费由转入之日起变更。

⑤老人在入住期间患病医疗费由老人自己及亲属支付。老人病情需要转入医院救治，老年公寓协助办理，费用由老人自己及亲属自理。

第四章
04

国际案例：
美国太阳城中心、日本横滨老年公寓、荷兰弗莱德利克斯堡

国内案例：
北京东方太阳城、绿地·国际家园、亲和源、江南太阳城等

经验借鉴：
人性化规划设计、集中开发、全方位提升服务水平

国内外老年住宅案例借鉴

虽然我国设计界也借鉴了日本、中国台湾地区、美国的一些经验，但是实践中发现有一些东西也不是可以直接照搬过来的。这里主要介绍美国、日本、荷兰、新加坡、中国香港地区以及我国大陆地区的老年公寓案例。

国际老年住宅标杆

西方国家的养老体制与我国不同，因此也形成了有别于我国的养老住宅开发模式，这在国外一些经典的案例中得到了体现，如美国的太阳城中心、日本横滨地区的老年公寓项目和荷兰的弗莱德利克斯堡等，都表现出了与我国养老公寓项目的不同之处。

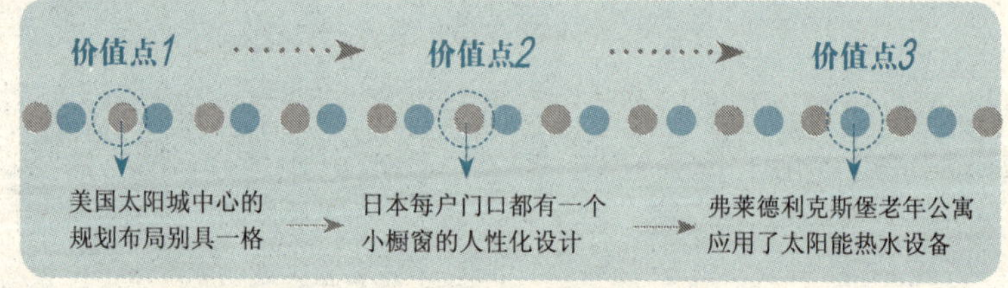

1. 美国太阳城中心

太阳城中心（Sun City Center）始建于1961年，是美国也是世界上著名的退休养老社区。它坐落在佛罗里达西海岸，占地3779.6万平方米，其中水景面积占46.66万平方米。那里阳光充足，每年有超过300天的日照时间，故称“太阳城”。但在太阳城里居住的城民必须是55岁以上的老人，18岁以下的陪同人士1年居住时间不得超过30天。

美国太阳城中心是美国较大的老年社区之一，老年住宅设施完善。太阳城中心从1961年开始开发建设，从一开始就规划成为佛罗里达乃至全美国最好的老年社区。

太阳城中心的建筑主要是以独栋住宅和花园洋房为主，包括独栋别墅、双拼住宅、多层和复合型公寓、特殊居住中心、老年救助中心、老龄照料社区等。

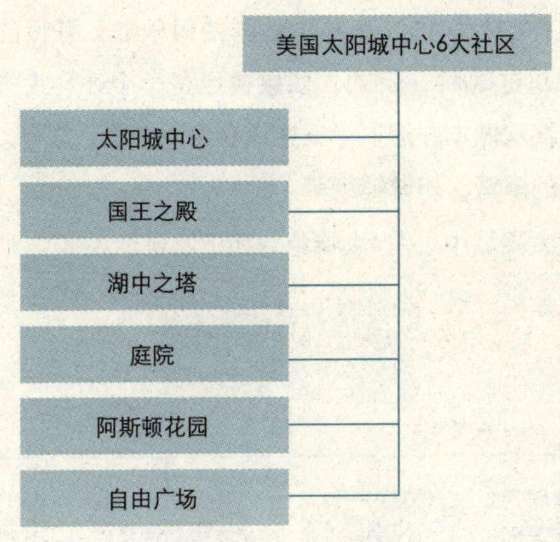

美国太阳城中心6大社区

太阳城中心现有来自全美国及世界各地的住户1.6万人，且一直处于持续增长的态势。新住户经常对整个社区内的“太阳城中心”（独立家庭别墅）、“国王之殿”（联体别墅）、“湖中之塔”（辅助照料式住宅和家庭护理机构）、“庭院”和“阿斯顿花园”（出租的独立居住公寓）以及“自由广场”（辅助照料式住宅和家庭护理机构）6大居住社区之间的关系感到满意，以上各社区共同享用一个邮局、超市、医疗机构、银行和教堂。

无论选择哪种住宅，都会享受到积极活跃的生活方式。联体别墅中的一套住宅价位从9万美元到20万美元不等，并且客户还可以选择全部、部分或不需要公共维护保养的住宅。

在太阳城中心每人每年享用综合会所的费用为140美元。享受的康乐设施包括室内室外游泳池、网球的推圆盘游戏场、草地保龄球、健身和娱乐中心、会议室和一个10929平方米的剧场。

这里大约1/3的居民是活跃的高尔夫球爱好者。无论是初学者还是高手，都可以享受126个洞的高尔夫球场。在交纳入会费后，每年每人费用大约为1500美元。太阳城中心是世界闻名的BEN SUTTON高尔夫学校的本部。全美草地保龄球锦标赛也在这里举行。

美国太阳城中心鸟瞰图

在这样的社区内，有各种各样的俱乐部，开设的课程和组织的活动超过80种，例如，如果曾经是一个外科大夫，年轻时可能一直喜欢做木匠活，今天生活在太阳城里，就可以到木工坊去做喜欢的事情，如做缝纫等。

美国太阳城中心有4大特色，如下图所示。

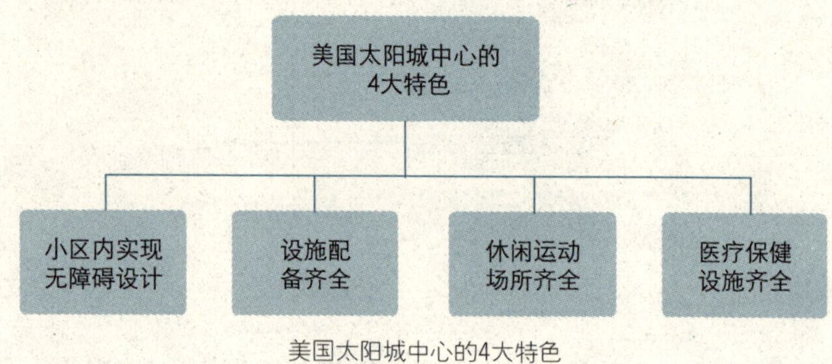

美国太阳城中心的4大特色

（1）社区有专为老年人考虑的建筑规划，小区内实现无障碍设计

无障碍步行道、无障碍防滑坡道，低按键、高插座设置，社区住宅以低层建筑为主。同时，社区内的空间导向性被强调：对方位感、交通的安全性、道路的可达性均作了安排，实施严格的人车分流。

（2）太阳城中心的设施配备齐全

共有7个娱乐中心、8个高尔夫训练场、3个乡村俱乐部、2个图书馆、2个保龄球馆、2个湖、30个教堂、19个购物中心。

（3）太阳城中心的休闲运动场所齐全

体育活动高尔夫和小小高尔夫、游泳、足球场、马场、滑旱冰、网球和乒乓球、健身房、手球式墙球、室外地滚球、跳舞、草地保龄球、慢跑和竞走、推圆盘游戏、垒球和篮球、台球、棋牌和其他游戏俱乐部、舞会和社交等会所。

另外，太阳城中心还设有各类适合老年人爱好的“艺术吧”：电脑、书法、摄影、绘画、中国画、制陶术、裁缝、针线手艺、皮革工艺、银器匠、编织、金属工艺、宝石、陶瓷和彩色玻璃等。

（4）太阳城中心的医疗保健设施齐全

太阳城中心配备的医疗保健设施相当于中国的一个三甲医院，床位有355个，周边5千米区域内设置3个其他规格的医院，有心脏、整形外科和老年医学方面的高级专家坐堂。由于有好的设施、设备和医疗保健，据统计，在太阳城中心养老的老年人比美国平均人口寿命高出10岁。

2. 日本横滨地区的老年公寓

具有借鉴意义的一些老年公寓项目局部景观

日本的老年人的生活质量是在良好的社会保险保障体系的基础上实现的。由于日本的人工费贵，日本住宅的技术和电器化程度很高。这特别体现在老龄人住宅和为老年人提供的公用设施上，使得老年人能够在生活中充分实现自助和自理。

日本是较早进入长寿社会的国家，所以对高龄者住宅的建设格外重视。除了在全国各地建有一些专业性养老院以外，为了使更多的老年人不因脱离社会而感到悲凉，日本新建的居住区内往往按照需要规划一部分高龄者住宅，用以出售或者出租。

下面介绍一个位于日本横滨的老年居住区。该居住区共有住宅840套，其中高龄者住宅即多达170套。这些高龄者住宅集中在一幢11层建筑内，分为6种户型，大户型每套约有120平方米，多间房间，可供老年夫妇和其他家庭成员共同居住；最小户型看上去不足30平方米，为一室一厅一厨一卫，实际室、厅、厨之间并未真正进行分隔，只是室内功能分区不同而已。由于这些高龄者住宅设施齐全，空间利用充分，因此即便是小套型也有很高的舒适度。其中最小套型月租金为9万日元，需要看护的老人还应另加费用，对于这些，凡在日本拥有终身年金保险的老人均有能力支付。

横滨高龄者住宅采用封闭式北外廊平面，各层走廊都十分宽敞明亮，沿走廊一侧是住宅的户门，设信报箱和门牌，标有主人的姓名。每户门口都有一个小橱窗，供老人对外展示自己喜爱的物品。为适合老人需要，门口设有固定坐椅供人歇息。

高龄者住宅十分注重设计的细节，室内地面无高差，且采用一种类似软木塞的材料做成地板，防滑并具有一点弹性。室内推拉门是自动的，开关毫不费力。厨具上方设有新风系统，以保证室内空气清新。卫生间里有多个扶手，并有紧急按钮。户与户之间的阳台隔断设计成特殊的门式拦板，在遇到火灾等紧急情况时可以打开，作为逃生通道。公共部分的走廊和电梯间不仅考虑了无障碍设计，并随处设有坐椅可供休息。电梯轿厢三面有按钮以方便乘坐轮椅的老人，按钮旁注有盲文供盲人识别。

高龄者住宅的底层是公共部分，有餐厅、聊天室、阅览室、棋牌室、健身房、美容室、诊疗室、集会室、自助银行以及各种管理用房等。老人们可以预订饭菜让工作人员送到自己房间内，也可以在公共餐厅就餐。上述公共服务设施同时对社区居民开放，既增加营业额，又使老人们有与年轻人交流见面的机会。为了照顾老人的特殊需要，在大楼的地下室设有储藏空间，用金属网分隔成若干小储藏间，为每位老人保存他们平时用不上但又舍不得丢弃的物品。

要点提示

围绕高龄者住宅的建设，日本企业开发出了不少专供老年人使用的住宅设备，如坐圈可以负重升降的坐便器、协助老人入浴如厕的轻型电葫芦、侧壁可以打开的浴缸等，为了提升老年人口的生活质量，我国可以考虑引进一些这类产品。

3. 荷兰弗莱德利克斯堡

荷兰弗莱德利克斯堡老年公寓较好地处理了独立居住与方便交流的矛盾：老人虽然居住在独立的公寓中，但从整个建筑空间处理来讲，他们能感到和睦相处的融洽。

这座建筑将3种元素结合在一起：建筑的城市意味、社区功能和生态目标。从外观上体现老年公寓的安逸、宁静和对自然的回归。比如，曲面屋顶朝南一侧安装的太阳能集热器体现了对绿色环境的热爱。此外，通过通风系统将建筑排出的热气进行回收利用，雨水也被收集储存在卫生间中使用。

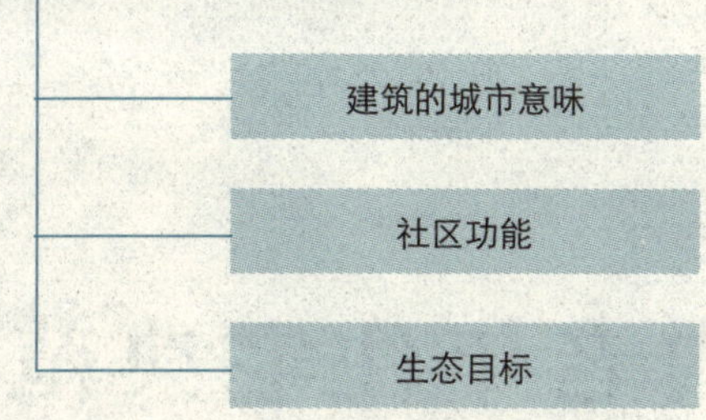

荷兰弗莱德利克斯堡老年公寓的3种元素

整个老年公寓包括22个相互连接的独立单元。在主楼的顶层是一个公共活动区，包括洗衣室、休息室、室内游泳池（兼具锻炼和治疗作用）、健身中心和客房，由两架楼梯和多部电梯提供上下楼服务，使老年人有进行交流和锻炼的机会。主楼底层有服务台和大堂。每一个独立的单元都有一个起居室、书房和至少一个阳台。在这样的公寓中生活，老年人感到自由、舒适。

荷兰老年公寓实景

国内老年住宅典范

国内的老年公寓正在快速发展中，比较典型的案例有北京东方太阳城、绿地·国际花园、亲和源和江南太阳城等，这些项目都充分适应了老年人的居住特点，颇有借鉴之处。

要点提示

项目选址、内外景观的呼应和产品多样性、配套完善。可作远郊老年公寓开发参考。

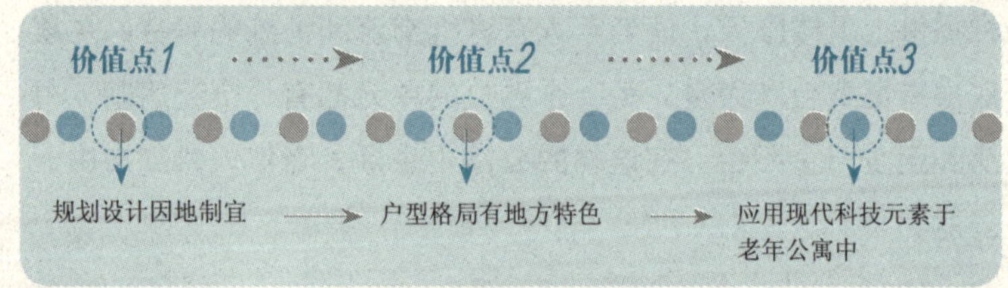

1. 北京东方太阳城

北京东方太阳城规划效果图

北京东方太阳城概要

建筑面积	80万平方米	地址	顺义潮白河畔
占地	234万平方米	房型	105～843平方米
建筑类别	独栋、联体别墅、中式四合院以及四层电梯公寓	绿化率	80%

东方太阳城有点式公寓、板式公寓、连廊公寓、联体别墅、独栋别墅和四合院等，社区周边更有466.6万平方米、10万株林木环绕，整个社区分3期建设。

北京东方太阳城实景之一

社区配备了高品质的社区中心、康体中心、商业街以及酒店度假场所，为社区的老人提供着多种多样、丰富多彩的服务和文化活动。社区图书馆藏书近万册，在阅览室里上网、看报和浏览杂志等均可。

商业街开辟了艺术画廊、精品茶庄。精彩纷呈的“老年大学”也陆续开课：隶书班、太极扇班、形体芭蕾班、电脑初级班、布贴画班、高尔夫入门班、游泳初级班、门球入门班、围棋班、陶艺班、瑜伽班、国画班、钢琴班、古筝班和二胡班等应有尽有。专业级的多功能剧场，不仅承担了为社区居民放映电影和周末舞会等日常文化功能，还在各种节日、主题日中举办了多次大型晚会、展演以及文化论坛。

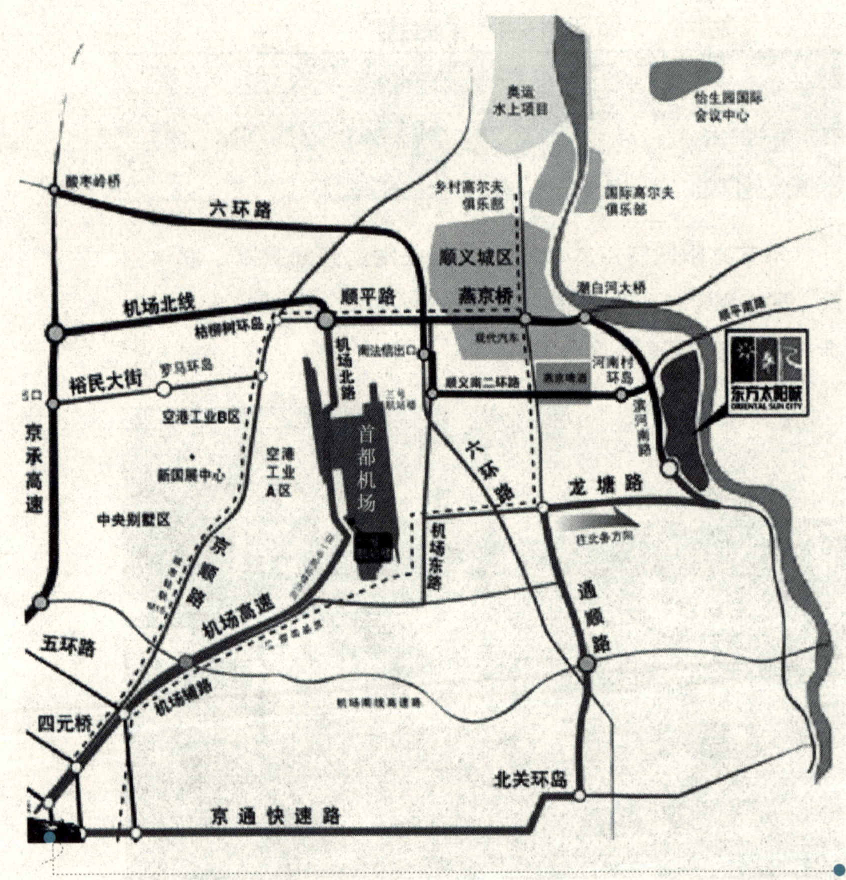

东方太阳城，总占地面积234万平方米，内含16万平方米湖水、75万平方米运动休闲绿地，而建筑面积仅80万平米

北京东方太阳城的5大细节特征：

（1）七重环境系统

①约2000亩潮白河；

②近10万株原生树；

③近20万平方米社区生态湖；

④节能环保的水源或地源热泵系统；

⑤75万平方米运动休闲绿地；

⑥高绿化覆盖率；

⑦高达4000个/立方厘米负离子含量，绿色生态系统可比海滨、森林。

北京东方太阳城实景之二

（2）五重专属定制

北京东方太阳城老年生活实景

①社区无障碍设计；

②智能卡托管、电话探视、入住全程代理等诸项社区服务；

③世界知名的景观与建筑设计公司美国SASAKI鼎力打造；

④“老年大学”，教室、阅览室，丰富退休人生；

北京东方太阳城景观及生活实景

⑤顺欣阳光物业，高品质贴心服务，连续3年社区满意度调查逾90%。

（3）六重成品配置

①东方太阳城医院（一级综合性医院），医疗护航，守护健康；

②东方嘉宾国际酒店，五星级标准；

③大型超市进驻，商业一条街；

④康体中心，各类球馆、温泉游泳池；

⑤5万平方米太阳会所，商务会议，餐饮休闲；

⑥汇佳幼儿园。

北京东方太阳城社区内的医院

（4）产品以四合院为主

北京东方太阳城老年公寓社区大量地配置了独具北京特色的产品形态——四合院。这种地方特色明显的产品形态深受当地老年人的喜欢。

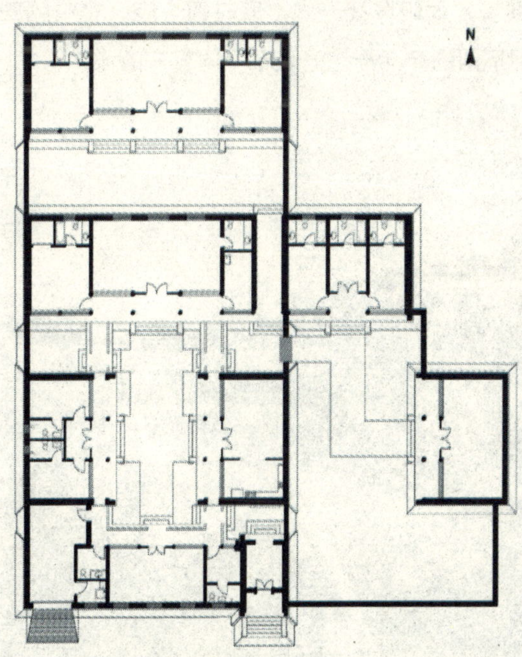

[东方太阳城7号院] 占地面积1245.88平方米，建筑面积：843.01平方米

东方太阳城四合院典型户型

北京太阳城四合院效果图

(5) 四合院与别墅、电梯公寓多种产品形态相结合

北京东方太阳城社区内，既有四合院，也有别墅和电梯公寓，多种不同的产品形态满足了不同客户的需求。

东方太阳城别墅实景

东方太阳城别墅效果图

2. 绿地 · 国际家园

要点提示

细节人性化、社区配套完善，可作为郊区大盘中部分规划的老年公寓的参考。

绿地 · 国际家园第四期实景

绿地·国际家园第四期基本概况

物业类别	普通住宅　低密度 超大规模社区	开发商	绿地集团昆山置业 有限公司
装修状况	毛坯	建筑面积	44693 平方米
占地面积	61523平方米	总户数	230套
物业地址	上海周边区昆山花桥镇 绿地大道555号	容积率	0.6
楼层状况	高层、小高层	绿化率	45%
建筑类别	电梯公寓	房型面积	60~90平方米

绿地·国际家园占地266.6万平方米，以古典西班牙、英伦、北美等5种风格打造，社区内设置中福会幼儿园、大众社区巴士、邻里中心、四星级酒店等，社区配套完善。

绿地·国际家园第四期配备有2.8米×2.2米大进深电梯，可供专业医疗担架入内；公共空间无障碍设计；公共走道及楼梯间安全扶手；指纹锁智能识别功能；可视对讲系统；24小时紧急救助按钮；社区配备有老年大学和老年特色服务医院，新鲜果蔬供给中心和一站式装修服务等人性化设施。

（1）区位交通发达

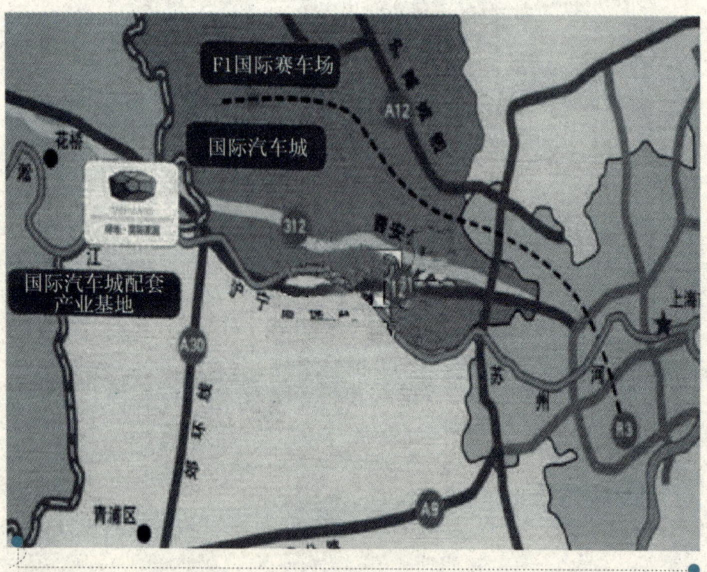

绿地·国际家园，位于大上海城郊——上海市与昆山市交界处，312国道旁，邻近国际汽车城、国际F1赛车场，距上海市中心35千米，距昆山市18千米

从中山公园驱车到绿地·国际家园需要半个小时左右时间。在地理位置上，该楼盘位于昆山靠近嘉定安亭镇的花桥国际商务城，是规划建设的专门面向老年人的人文新镇，濒临吴淞江水系。

小区内部设有循环巴士通往学校、农贸市场等，另外有直达中山公园和人民广场的班车，每日4班次。

（2）局部装饰

绿地·国际家园老年公寓外立面采用传统英式砌砖法。

绿地·国际家园老年公寓样板房分不同的装修风格，有很多保护型装修和护理型装修可供选择。设计了无障碍通道，走道铺地毯防滑，需铺面砖的地面采用防滑面砖，设置了装饰性腰带扶手等。

绿地·国际家园老年公寓外立面

绿地·国际家园老年公寓实景

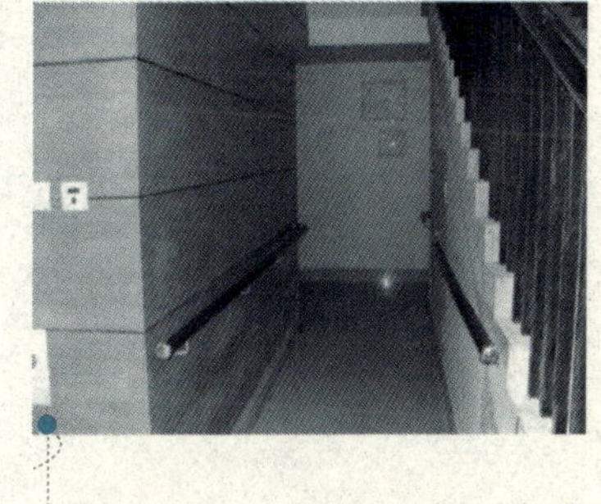

绿地·国际家园老年公寓通道

（3）周边配套齐全

项目引进同济大学附属同济医院绿地昆山医院，相配套有“绿地家世界”。

在综合性医院基本配置的基础上，增设专门针对老年人的科室和相关功能；在普通大型超市的基础上增设老年人购物专区；还会根据老年人体质特征需要，设立平价药房，以老年人营养品和常见疾病用药为主。此外，还设立老年食堂，在小区

设置邮局分理点，还有小区道路引导系统、老年文化中心和休闲中心等。

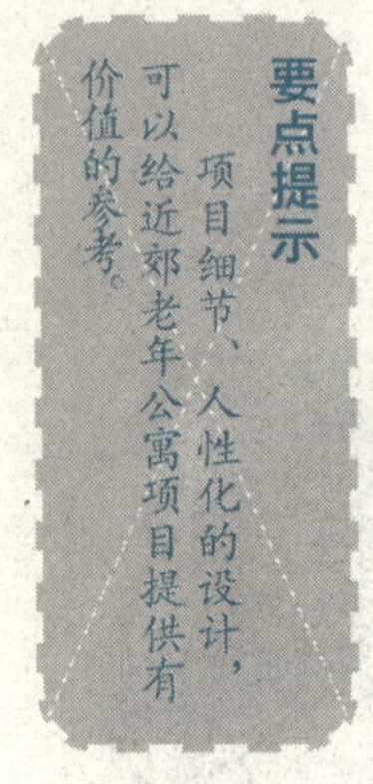

3. 亲和源老年公寓

上海亲和源老年公寓大门

亲和源老年公寓概况

建筑面积	8.6万平方米	占地	8.37万平方米
总套数	838间	房型	60~140平方米（小户型为主）
物业类别	养老院	绿化率	51%
装修状况	全装修	开发商	上海建桥集团

亲和源位于上海市南汇区康桥镇，建筑面积8.6万平方米，设置有生活区、医疗区、商业区、活动区4大功能区域，总共建设14栋生活楼，房间800余间，可容纳1600余位老人。社区房型以多层、小户型为主，配有电梯，居室建筑面积从60平方米到140平方米不等。

社区采取无障碍化的设计，以确保老年人的安全。每栋老年公寓均配有公共浴室、阅读室、活动室、餐厅等，每建筑组团均设置有多功能的活动空间。社区在老人卧室、卫生间、浴室、各种活动场所以及室外活动区域均安装有紧急呼叫系统、红外线监视器等智能化系统，建立起全社区的安全监控体系。整个社区的设计使低密度的老年公寓、娱乐、健康生活广场、公共服务大楼以及商业配套等建筑与水系、人工湖、公园等自然景观精致结合，独特的空中连廊构成全天候、泛社区的便捷通道，使社区内所有的建筑融为一体。

（1）地理位置优越

亲和源项目处于浦东新区，该项目位于南汇康桥地区的秀沿路上，北接浦东新区，东靠川沙，西南临南汇周浦。南侧川周公路为连接川沙至周浦的交通主干道，东侧申江路为规划中环线延伸段，与外环线A20公路向望。沪南路、外环线（A20）、中江路、川周公路构成了“井”字形立体交通。距卢浦大桥、浦东国际机场约15分钟车程。

亲和源老年公寓休闲区实景

（2）交通路线图：有轨道交通

交通路线指引：

自驾车：秀沿路2999弄，A20外环申江路口下转秀沿路。

公交车路线：轨道交通二号线至龙阳路站，换乘龙滨线至亲和源站下。

亲和源老年公寓社区内园林景观实景之一

亲和源公寓入口处人性化的设计

（3）周边设施配套齐全

周边配备有：邮局、银行、电信局、派出所、贵族中学、贵族幼儿园、学术气氛浓郁的大学、社区文化活动中心、便利生活的集贸市场、洗衣店、大卖场、风味餐厅、国际烧烤乐园、秉承传统的高级五德会酒店、高档别墅近在咫尺，四星级标准建造的乡村酒店等，能够较好地满足远亲近邻的探访需求。

亲和源老年公寓社区内园林景观实景之二

（4）实行会员制服务

亲和源实行会员制，入住者须符合会员条件，承认会员章程，购买会员卡，缴纳年费等，拥有会员资格方可获得亲和源物业的使用权。

亲和源老年公寓会员服务收费标准

卡种		会员卡缴费标准 前一百名会员价	年费缴费标准
银杏A卡不记名卡	大套	50万元	5万元/年
	中套	50万元	2.5万元/年
	小套	50万元	1.5万元/年
银杏B卡记名卡	大套	60万元	2万元/年
	中套	45万元	2万元/年
	小套	35万元	2万元/年
银杏C卡	大套	8500元/月	—
	中套	7000元/月	—
	小套	6000元/月	—
非持有国内身份证的会员卡费加收20万元人民币			

（5）社区组成

12幢多层公寓，838套全装修全配置（含软装潢）居室；

一幢多功能综合楼（老年大学、老年活动中心）；

一所配餐中心（就餐、配送）；

二处休闲茶栈（品茗、座谈、棋牌等活动）；

一所老年医院及护理院（300个床位）；

一座会所（一楼游泳池、二楼健身房、三楼水疗馆、四楼会务活动中心）。

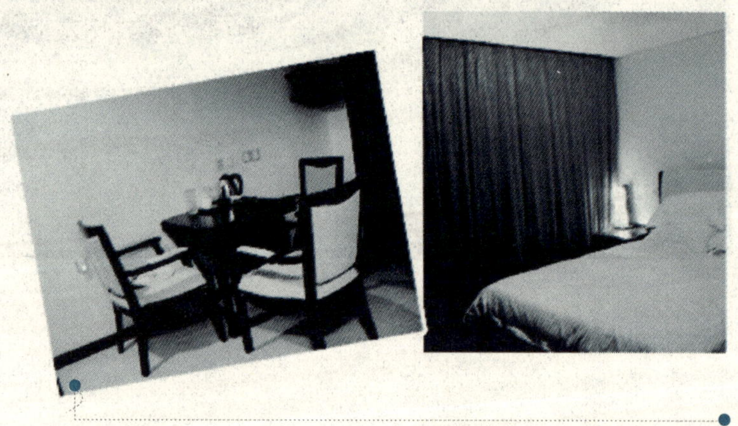

亲和源老年公寓室内实景

商业街：设有小超市、理发店、洗衣店、鲜花店、老年用品商店等。

绿化景观，上海市一级生态小区（绿化覆盖率达51%，乔木、灌木、花卉、草坪，假山、小湖、喷泉和凉亭等）。

亲和源老年公寓的风雨连廊之一

亲和源老年公寓的室内装饰实景

风雨连廊（公寓与公寓，公寓与会所、配餐中心、老年医院及护理院之间相互连接）、户外活动场地、停车场。

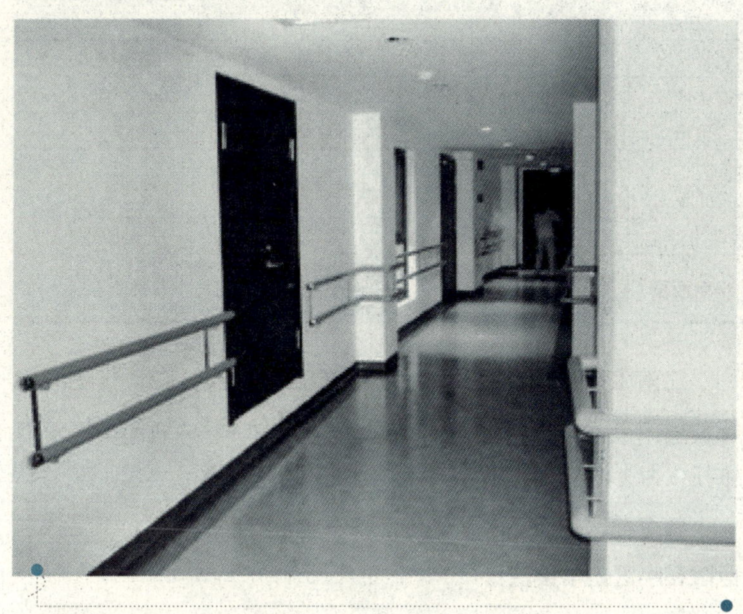

亲和源老年公寓的风雨连廊之二

注：①蓝色无障碍防撞扶手配合PVC地板；
　　②咖啡色无障碍防撞扶手。

4. 江南太阳城

要点提示

江南太阳城老年公寓项目选址较好，配套较全，可作为省内二三线城市开发老年公寓的重要参考。

江南太阳城效果图

江南太阳城基本情况

建筑面积	21万平方米	占地	14.6万平方米
物业类别	普通住宅	售楼处地址	上海接待：华山路600号丙
装修状况	毛坯	售楼处	华山路600号丙
物业地址	建国北路燃气大厦1楼	得房率	80%～90%
价格	3500元/平方米	绿化率	50%
开发商	嘉兴市太阳城房地产开发有限公司	总套数	1170套
容积率	1.44	车位	1050
房型面积	92～165平方米（一室、两室、三室）	物业顾问	上海东湖物业管理公司

江南太阳城利用嘉兴江南水乡的自然资源，在现代化的居住社区里融入老年建筑组团，以3项实施策略及6项配套体系为依托，为上海创建的第一个新型的健康养老社区。

整个社区三面环水，绿化面积占整个社区的50%。上海知名医院在小区内常设门诊。

（1）地理位置：交通便利

江南太阳城位于浙江省嘉兴市，基地三面环水，东临东方路，三元路将基地分为两块，整个场地平整。

（2）规划设计特点：人性化设计特别为老人打造

规划结构较完整、清晰。将不同层次的住宅群体组织成3个片区，各片区又由多个住宅组群组成，各组群规模适宜，方便邻里交往。

小区道路，人行车行既有分离，又有混行，方便出行。机动车停放采用地面、架空和地下多种形式，停车率达到80%。

环境设计充分利用自然水景，组织了放射性景观轴和步行景观轴，组群内有多种空间以及沿河的绿色景观带。全区绿色系统点、线、面结合，空间比较丰富。

小区公建配套齐全，东南角设有商业街，小区出入口内设有会所，小区内还设有次会所和泛会所，位置适宜。

住宅布局大部分为南北朝向，部分底层架空，有利于日照与通风。小区南侧布置了两个老人居住组群。住宅户型多种，便于用户选择。住宅内部功能分区明确，空间尺度适宜，日照、采光、通风良好。

（3）周边配套齐全：满足老人各种需求

小区的配套设施非常完善，设置了各种功能的主会所、次会所及泛会所，以满足居民生活的各种需要，设计中结合城市设计及环境设计的要求，将主会所分布在东方路及三元路交叉处，以起到丰富城市景观的作用，同时不对居民的生活产生影响，次会所及泛会所结合居民的休闲、交流和活动健身等，有机布置在各组团周围。

江南太阳城规划效果图

项目在社区内设立了医疗急救站，并与120急救中心联动。体能恢复中心提供理疗、氧恢复、食疗、深度睡眠和整体按摩等服务。药物咨询中心提供促进健康的药物及营养品的咨询服务，满足老人的健康需求。

（4）物业管理：专业化与人性化并举

采用专业化的管家式物业管理服务，强调从基础细节开

始，倡导“有限管理、无限服务”，为业主提供从日常家政服务、商务服务、健康服务到包括精神需求、老年人特护在内的一系列个性服务，真正体现人性关怀，营造温暖呵护。

（5）营销策略：低价抢客

江南太阳城项目定位“上海人的养老天堂”的养老社区，2004年就推出“低价抢客”策略，以3500元/平方米在上海销售。它还推出一次性收取10万元出租20年居住权、允许入住老人作为二房东出租公寓等吸引上海人前往置业。该项目在销售初期就取得了良好业绩，有70%的业主都是上海购房者。

5. 威海文登颐和源老年公寓

要点提示

项目坐落于山东胶东半岛东部威海文登市经济开发区的银河河畔，总建筑面积6万多平方米，是山东省最大的养老中心之一。

颐和源老年公寓规划效果图

（1）项目周边环境优美

环境优美，南有银河环绕，银河河畔柳树成荫，银河河畔常年有人垂钓；西有100多亩的公园，是散步、休闲的极好场所，院内假山长廊、亭台水榭；北面是中国工艺家纺城；东临世纪大道。

颐和源老年公寓内部样板间

(2) 项目交通位置便利

项目距威海市中心仅25分钟车程，距刘公岛景点车程约20分钟，距机场15分钟车程，距火车站仅10分钟车程，距文登市中心和召文台景点车程约10分钟，距南海的海边十里金沙滩天然浴场车程约20分钟。

颐和源老年公寓卧室

(3) 配套设施齐全

公寓式养老与家居式养老结合，集保健、康复、休闲、娱乐、养老为一体，由疗养区、护理区、文化娱乐区3大功能区组成。

(4) 三星级标准设置

每层楼设护理站，每个房间的呼叫系统和护理站相连，护理站24小时值班，服务人员全部从护校毕业生中选拔，护理经验丰富，有处理特殊情况的能力；可针对老人身体状况，采取不同护理方式，有特助、辅助、自助3种，在饮食上，根据老年人的身体情况定制不同营养餐，对行动不便的老人可提供送餐上门服务。

颐和源老年公寓客厅

(5) 特殊医疗服务配置

颐和源与全国闻名的文登整骨医院协商，中心楼内有约400平方米的医疗服务站由整骨医院配有医术精湛的内外科医生提供精心周到的医疗服务，对入住的老年人定期进行康复保健训练与治疗。整骨医院对老年人常见病：颈椎病、关节炎、骨质疏松和骨质增生等有独特的治疗方法，帮助老年人消除病痛。

（6）社区服务宗旨：诚信服务，让子女放心，让老人开心

本着为政府分忧，为社会解难，为老年人提供一个老有所养、老有所乐、老有所学，安享晚年的场所，“诚信服务，让子女放心，让老人开心”。

公寓精装修，有电梯、呼叫系统、监控系统、集中供热系统、太阳能热水系统新风系统等。

底层约4000平方米作为老年高级会所，有多功能卡拉OK厅、医疗门诊、老年大学、乒乓球室、阅览室、棋牌室和餐厅等；公寓内除精装修以外配置液晶电视、冰箱、电磁炉等家用电器。

附近有门球场、网球场和温泉泡池等，并在附近租用了大约10万平方米的土地供老年人种植自己喜欢吃的绿色农作物和养殖各种家禽和鱼类，丰富老年人的绿色健康食品。

和全国主要旅游城市的高档次老年公寓结成全国联盟进行互动养老；譬如和上海亲和源老年公寓等进行互动养老。

对购买颐和源公寓入住的老人进行免费体检并建立健康档案；聘请养生专家对老人进行健康和养老指导，并招收中专以上护理专业学生对老人进行个性化护理。

6. 大连三井老年公寓

大连三井老年公寓是一所集养老、托老、医疗、康复培训、休闲娱乐为一体的综合性养老机构。

老年公寓位于大连市中山区天池街4号（原青云街进展巷2号），背靠青云山，坐拥“群山近邻”公园，环境幽雅，空气清新，交通便利，闹中取静，是老年人颐养天年的理想家园。

公寓引进日本成熟的老人托养服务体系、康复培训体系以及营养配餐服务体系，提供日间托老、短期托老、机构养老、异地旅游养老等多种养老方式，为有养老需求的老人及家庭提供保健养老服务。

大连三井老年公寓共分5层，由医疗电梯上下连接，内设

具有借鉴意义的一些老年公寓项目局部景观

高、中档房间81套，包括套间、单人间、双人间和日托房等，可满足不同老人的康复、养老需求。

一楼为日托专用楼层，设有600平方米的多功能活动厅、150平方米的休息睡眠厅、150平方米的多功能餐厅，可供入托老人自由使用。

二楼至五楼为机构养老楼层。内设高标准套房、单人间、双人间共81间，房间内除配有衣柜、沙发、电视、床头柜和茶几等日常基础设施外，还配有无线呼叫系统、宽带、外线电话、独立厨房、卫生间等。每楼层均设有宽敞的多功能活动厅，专用淋泡间，根据老人身体需要，可免费提供陪护洗浴，确保老人的洗浴安全。公寓整体设置密码门、红外线监控系统，由专人24小时实时监控，以确保老人的健康安全。

大连三井老年公寓有三大特色服务：

（1）营养膳食

聘请日本国立佐贺大学营养师，为老人提供一日三餐及上下午茶的营养配餐。中餐标准为三菜一汤，包括一荤菜、二素菜、一凉菜、一甜品。

老年公寓营养配餐十大特点：营养均衡，低盐少油；颜色拼盘，烹调技巧；上下午茶，养生汤品；周末面食，节假日餐；生日宴会，半自助餐。

（2）康复游戏

汲取日本养老院康复游戏的精华，中日结合、融娱乐与健身为一体。增强体质，有效延缓老人的各项身体机能的衰老；游戏互动，促进老人相互交流，减少老年忧郁症；价值再生，寻找全新的自我价值体现，充实生活。

（3）旅游互动

老年公寓与日本养老院达成友好养老院协议，在入住老人

身体及经济条件允许的条件下，老年公寓定期举办各种国内外旅游观光活动，以丰富老人的精神文化生活。

7. 长庚老年公寓

长庚老年公寓是天津长庚老年产业投资有限公司与天津老年基金会共同筹建的专为老年人量身定制的住房产品。长庚老年公寓是天津第一家产权式老年公寓。入住者对该住房拥有独立产权（双证合一的房地产权证）。

长庚老年公寓实景

长庚老年公寓基本情况

物业类型	普通住宅、公寓
建筑类别	高层
楼层状况	13层
装修状况	精装修
城市/区县	天津/南开
物业地址	宜宾西道晴川花园
售楼地址	南开区宜宾西道雅川家园底商
环线位置	内至中环
物业管理费	350元/（户·月）
物业管理附加信息	服务费350元/月，包括医疗、膳食、上网等费用
绿化率	60%
建筑面积	10000 平方米
总户数	198户
停车位状况	地下车位
开发商	长庚老年产业投资有限公司
投资商	长庚老年产业投资有限公司
物业管理公司	长庚老年产业公司

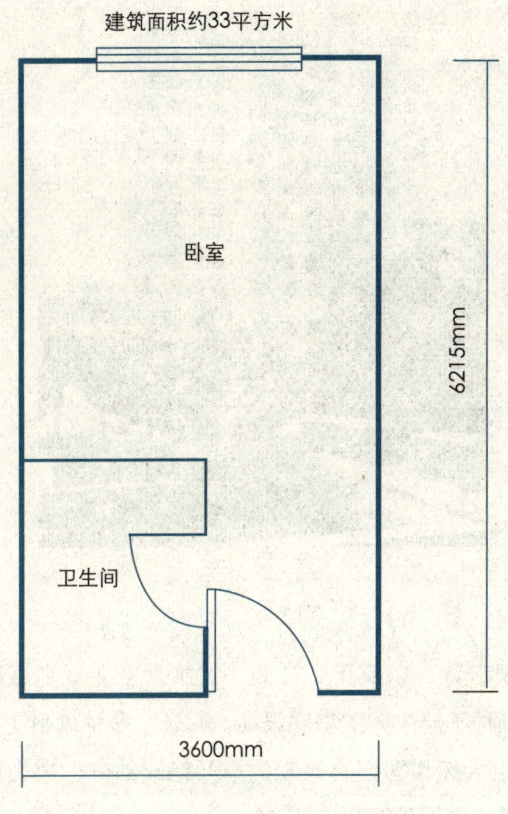

长庚老年公寓户型

要点提示

长庚老年公寓坐落于天房发展开发的『晴川花园』大型居住社区内，『晴川花园』总建筑面积10万平方米，绿化率达到60%，社区内已建成超大面积中心绿地广场。长庚老年公寓位于社区东侧，紧邻中心绿地，总建筑面积为1万平方米，单套面积为35平方米左右的独立公寓。房间开间为3.6米，配有独立的卫生间。

（1）社区规划、建筑立面和景观设计

社区内规划有大型购物超市、文化教育中心、医疗保健中心、娱乐休闲中心、营养膳食中心、综合服务中心专属公共设施，为入住老人提供了方便、舒适、科学和健康的生活环境。

①建筑立面：为现代、简约的建筑风格，外立面细腻与柔和的质感勾勒出俊朗的建筑线条；建筑内部采用剪力墙架构设计，带来极富变幻的活性空间；持久耐用的保温型材，达到环保节能的同时，更大大降低了日常生活中的能源消耗。在户型设计上更是追求舒适、整体、和谐的统一原则。

长庚老年公寓外部景观

②景观设计：以实用、节能、健康为主要规划原则，为小区内营造多种不同主体的景观绿地，筛选了多种珍贵花草并保留10余株原生大树作为园林景观的重要组成部分，成为繁华城市中不可多得的自然景观亮点。

③服务标准：公寓内设有医用大型电梯，残障人士通道，走廊设扶手，地面防滑处理，室内紧急呼叫系统，卫生间保护设施，公共及室内喷淋防火设施，公共及室内烟感报警系统。

长庚老年公寓社区内实景

（2）管理服务概要

长庚老年公寓卧室

入住公寓前物业管理公司将为每位老人建立个人情况档案，方便入住后的日常管理。档案主要由两部分组成，其一为个人情况登记，其二为健康情况调查。含老人的个人基本情况、作息规律、业余爱好、饮食习惯等，同时免费为入住老人做身体健康全面体检，便于有针对性地对老人的健康状况进行监护。

成立公寓管理委员会，日常对于物业公司工作效率和工作成效进行监督，反馈入住老人们的意见和需求，帮助物业公司开展其相应的配套服务。

（3）长庚老年公寓配套的6大服务体系

①医疗保健服务

入住进行全面健康体检，建立健康档案；

每年进行全面体检；

免费代购药品，医疗器具，保健商品；

进行心理咨询，心理疏导；

请相关专家举办健康咨询和养生保健讲座；

免费使用康复设施以及轮椅等辅助工具；

免费进行血压日常监测。

②日常服药提醒

家庭病床服务；

提供长期、短期24小时特护服务。

③营养膳食服务

定制式营养配餐服务，提供早、中、晚三餐食谱。精心配制，科学搭配，便于老人吸收；

提供特色冷、热菜品的烹饪；

提供外卖食品的订餐，免费送餐；

代为加热自备食品；

不定期举办食品卫生及膳食营养的讲座。

④文化教育服务

电脑高速上网，配备摄像头，便于老人获取信息，与子女交流；

阅览室全天开放，方便老人阅读，每日报纸更新，准备大量书籍供老人浏览；

书画室免费开放使用，供老人日常书法绘画，老人书画作品陈列其中；

与老年大学合作，开办相应课程；

组织参观文化艺术等相关展览。

⑤娱乐休闲服务

开放健身房，入住老人免费使用健身器材；

棋牌室配备各种棋牌类游戏，利于老人轻松快乐生活，增进交流；

不定期组织市内景点、城市景观的观光游览；

定期放映热门电影、电视剧。

⑥综合配套服务

公共区域卫生保洁每日两次；

室内卫生保洁每日一次（含卫生间保洁）；

每月清洁门窗玻璃一次；

每月两次清洗床上用品（床单、床罩、枕套）。

（4）长庚老年公寓楼盘设备装修及周边配套

长庚老年公寓采用精装修，并提供部分家电。

①公寓内各项装修标准

公寓大厅：铺设高级地砖，部分石材；

公寓走道：铺设高级地砖，部分石材，墙面乳胶漆，木扶手；

电梯：高级载客电梯，专业医用电梯；

楼梯间：铺设高级地砖，墙面乳胶漆。

②公寓居室装修标准

门：四防入户门、分户门；

窗：高档断桥铝合金窗，中空玻璃；

卫生间：瓷砖地面和墙面，吊顶，品牌马桶、面盆，电热水器，排风扇，不锈钢扶手，开关面板；

卧室：复合地板，吊顶，墙面乳胶漆，开关面板；

灯具：节能吸顶灯，卫生间防水吸顶灯，部分点光源。

长庚老年公寓卧室实景

长庚老年公寓卫生间实景之一

长庚老年公寓卫生间实景之二

③智能化系统

公共区域摄像监控；

烟感报警、喷淋系统；

卫生间紧急呼叫按钮；

居室紧急呼叫按钮；

电话、有线电视入户。

④周边设施

餐饮配套：雅安道农贸市场、天都火锅城、太阳城美食园、华春楼饭店、海天阁大酒店、小天鹅大酒店、口口香饭庄、火乡居、红旗饭庄；

学校教育：三十七幼儿园、咸阳路小学、海洋道小学、黄河道小学、川府里小学、津津中学（市级）、津英中学（区级）、崇化中学（区级）、七十四中学、六十六中学；

周边医院：黄河医院、长江医院、人民医院；

邻近银行：天津银行、中国银行、建设银行、交通银行、农业银行、工商银行等；

其他设施：社区内部配备大型购物超市，文化教育中心，医疗保健中心，娱乐休闲中心，营养膳食中心，综合服务中心等专属公共设施。黄河道影院、黄河道邮局。

山东威海老年公寓

威海地处山东半岛最东端，三面环山，一面接陆。东与朝鲜半岛、日本列岛相对，西与内陆相接，南可由海上连接东南亚，北与辽东半岛相望，素有“京津的钥匙与门户”之称，为我国距韩国最近的地方，是我国重要的海上交通枢纽和北方对外经贸的出口和通道。威海市恰好处在我国南北平分线上，特殊的地理位置和海洋、山林的调节作用，使这里具有海洋性气候特征，四季分明，气候宜人，是我国第一个“国家卫生城市”、首批“国家环境保护模范城市”和“中国优秀旅游城市”，被联合国评为全球100个改善人类居住环境最佳范例城市之一，是旅游、避暑、疗养的圣地。

山东威海老年公寓实景

威海老年公寓坐落在市区东海岸边的半月湾畔，依山傍海，这里风景秀丽，环境优美，有着得天独厚的自然地理环境和不可多得的休养条件。占地面积4.3万平方米，规划建筑面积30000平方米，工程设计为三大建筑群，一是普通标准公寓楼和康复楼群，总建筑面积7000平方米，设80个标准房间，共160张床位，现已投入使用；二是中、高档公寓楼群，共设200个中、高档房间，共470张床位，主要功能是办公和综合娱乐服务。同时还设门球场1个，网球场1个，人工湖1个，小广场1个，凉亭、人工喷泉活动场所和景点，公寓内绿化覆盖率达到40%，湖水清澈，绿树成荫，花草芳香，空气清新。威海老年公寓是目前山东省标准最高、规模最大的集老年人生活、居住、疗养、医疗保健、娱乐、度假为一体的新型的社会福利服务机构。

山东威海老年公寓的服务宗旨是以科学的知识和技能维护老年人的合法权益，帮助老年人适应社会，促进老年人自身发展，全心全意为老年人服务。为老人提供二人标准间，房间内配有电视柜、电视机、电风扇、床头柜、椅子、茶几、暖瓶、壁柜、床上用品、拖鞋等，卫生间内配备淋浴器。老年人活动中心内设老年学校、书画室、阅览室、微机室；娱乐大厅、大型游艺室；健身房、推拿康复室、桑拿洗浴中心；棋牌室、各种规格的会议室，小型接待中心等。

商业计划书模板：
基本框架、表述方法、优势与风险
合同范本：
服务标准、权利责任、违约处理

老年公寓开发运营必备实战工具

老年公寓项目的商业计划书是有模板可循的。老年公寓项目的商业计划书在表述上有其特殊性，虽然有很多房地产项目的共性，但更应该在计划书的撰写中表现出其特殊性来，只有这样才称得上是一份成功的商业计划书。

养老机构合同参考范本可以有效地帮助开发商快速地起草相关运营合同，避免走弯路，在起草相关合同时，通常是参考范本合同稍微作些修改即可。

老年公寓项目商业计划书模板

老年公寓项目的商业计划书的撰写是一个重要的内容，在实际项目的操盘中，商业计划书可以起到很好的指引和融资作用，毕竟每一个老年公寓项目的开发，都需要很大的资金支持。这里提供模板性文件，旨在帮助读者可以依据模板文件迅速撰写计划书。

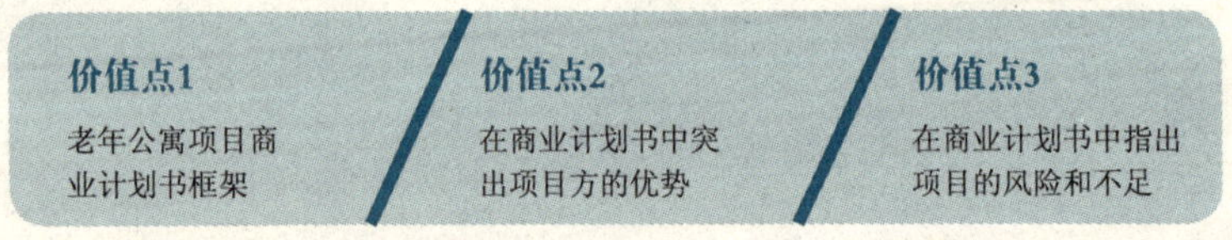

通常来说，老年公寓项目的商业计划书都有一个框架，依据这个框架来撰写，会事半功倍。

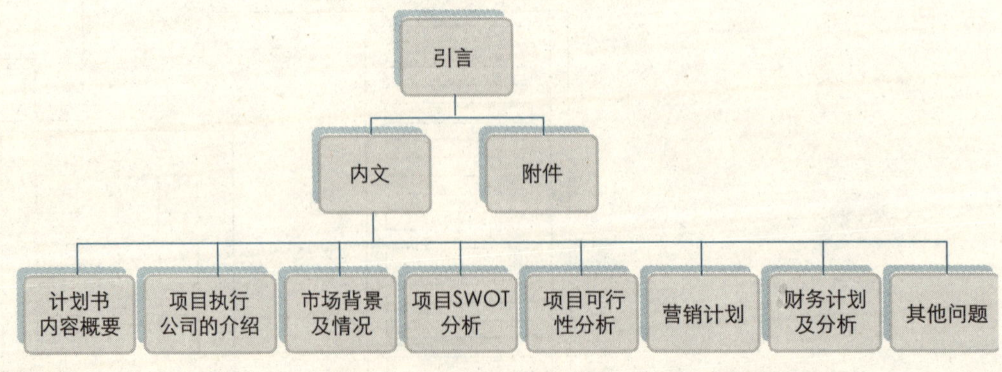

老年公寓项目商业计划书框架

1. 引言

这部分的内容较为简略，主要是总述性的文字陈述，包括对老龄化趋势、老年人消费市场和老年公寓市场的简要总述，这里不作其他具体分析。

2. 内文

（1）计划书内容概要

①本商业计划书说明了××开发股份有限公司准备在××年，开发××老年公寓项目的计划。

②本计划书涉及的时间为××年至××年。

③开发××老年公寓项目，对本公司来说，是基于目前中国“银色市场”日渐增长的趋势来考虑的。这一项目的开发将是一举多得的：一是为公司找到了新的利润增长点；二是延伸了公司的产业链，完善了老年产业服务体系；三是提升了公司的知名度，为公司的未来发展开拓市场作出贡献。

④本计划书涉及的主要目标是：分为两期建设××老年公寓项目，使之成为一个大型现代化的、专业化的、高档次的老年社区。××老年公寓项目各类住房共××套，根据精确预估，社区住房销售的预期收入为××万元，社区住房销售可获得现金利润××万元，此外还可以得到公用建筑的资产××万元。另外，社区每年的管理服务活动将为公司创造利润××万元。

绿地21城老人社区英式风格建筑立面

⑤实现以上销售和利润目标，由于销售市场广阔，市场需求旺盛，经过专业的对本项目的投资分析，实现本计划书的市场风险不超过3%。

⑥××老年公寓项目的总建设成本××万元，由于社区在建设中同时销售，故该项目先期投资为××万元，××开发股份有限公司可以自筹资金1/3，即××万元，其余开发资金可以由其他有资金的项目投资者以股东身份提供，公司定期提供分

红，并为股东购房提供优惠。

（2）项目执行公司的介绍

①公司概况

××开发股份有限公司的前身为“××墓葬”，创建于××年，是××殡葬及殡仪综合服务改革试点项目。××年，报经省人民政府批准，公司整体变更设立名为“××开发股份有限公司”，由××房地产开发公司和××等20个自然人发起成立，是全国殡葬业和老年产业的第一家股份制企业。

公司现有注册资金××万元，拥有两个全资子公司和一个控股公司。此外公司严格按照《公司法》规范运作，实行董事会领导下的总经理负责制。公司已开发项目灵新墓葬墓地和东林火葬殡仪馆。在陵园观光化、服务专业化、管理科学化等方面均有显著建树，取得了很好的社会效益和经济效益，使以塔位销售为主的经营收入稳定增长。

②发展目标

××开发股份有限公司长期发展目标是通过全面进入老年服务市场，通过在老年服务市场抓住养老服务、送终服务等方面各项核心业务，成为××省乃至全国最大的从事老年服务行业市场的领先者。公司主要通过在养老服务、老年产品开发、殡葬、殡仪、骨灰安葬、祭祀悼念以及在祭祀悼念时的郊游服务方面，逐渐成为以“银发市场”为主体的一个完整的服务产业链。公司争取经过10年左右的发展，使公司能够达到年收入过亿元，在老年市场上成为××地区甚至全国最大的全程服务的老年服务公司。此次公司投资××老年公寓项目，就是开始在殡葬业务成功以后，按照公司的长期发展目标要求，进行产业链的向上扩展，此项目将与公司另外一个老年服务投资项目一起开发。这两个项目完成后，将使公司的年营业收入从现在的××余万元上升到××余万元，并可实现公司长期发展战略中的第二阶段发展目标之要求。

③现有业务

××开发股份有限公司现在从事的是殡葬火化、殡仪服务、灵骨存放、家人对死者常年的祭祀服务及（在园林观光和休闲时的）附加服务。××园区地处××市近郊××区××镇，占地××亩，建筑面积××万多平方米，是一座集建筑、雕塑、园林于一体，融观光、祭祀、休闲于其中的祭祖圣地和艺术殿堂。公司采用塔葬这种全新的概念，既顺应了国家节约土地的殡葬改革发展方向，又满足了千百年来中国人民重视送终，以寄托哀思的愿望，为生命画上圆满的句号，显示出它强大的生机和活力。

××开发股份有限公司目前已是××地区最大的、有着完整硬件设施和配套服务的殡葬服务企业。公司下属的××墓葬公司现在已经开发的主要产品是用于骨灰存放塔位。根据存放位置的差别、存放环境、外观差异，设有“千禧型”“金玉满堂”“富贵迹象”“百家姓氏圣坛”等十余大类上百种型号的塔位。墓位设计成艺术墓形式，注重满足顾客对已故亲人安置的个性化要求，面向的是中高档消费群体，占据了殡葬业的高端市场。

经过在殡葬服务业领域的多年经营，公司已成为这项业务领域中的绝对领先者。迄今为止，在相同业务领域，公司没有现实的竞争对手。现在公司经过多年经营，留存利润已有××万元。

④经营理念

本公司的经营理念是在老年服务业务领域内，以诚信经营为基本行为准则，始终将顾客利益置于首位，提供最高顾客价值的服务产品，成为老年服务市场上顾客最为信赖的公司和品牌。

本公司的宗旨与使命——专业性的从事老年服务业务，通过不断延伸的老年服务，构造在“银色市场”中最完整的服务产业链，在老龄化趋势明显得不偿失的“后工业化社会”中，为不断增长的市场需要提供全方位的老年服务。同时，不断为公司所有投资者和股东提供最好的回报，使公司员工能够在享受事业成功的成就中也使个人利益得到不断提升。

绿地21城老人社区英式风格建筑立面

⑤客户概况

公司所经营的××墓葬项目已拥有顾客××万余人。公司在开展业务的过程中，深深感到社会老年群体越来越需要的养老服务要求。公司在开展殡葬服务的过程中，保持了经常性联系的潜在客户有近××万人。这明显昭示着，在公司的骨灰安置存放和殡葬服务市场以外，还存在一个需要养老服务的庞大消费市场。公司曾通过借助社会资源并自己开发一些服务项目，进行简单的养老服务延伸，但硬件、软件方面存在的限制，使这类简单延伸出来的养老服务始终没有成为公司的赢利源。

但正因为庞大的潜在市场存在，再加上公司在这方面已经积累了一定的经验和掌握了顾客资源，由此促使公司在××年年终下决心，投资建设××老年公寓项目，并准备通过此项投资项目，将简单的养老延伸服务变成公司在老年服务市场上正式的核心业务，不断完善公司在老年服务市场产业链的服务范围，为公司的业务构造完整的产业链，也为实现公司的长期发展目标奠定业务发展基础。

⑥管理队伍

这部分内容也是老年公寓项目商业计划书中需要介绍的，这里不作举例说明。管理队伍一般包括公司董事长、总经理、副总经理、财务总监等高层人员的简介。

（3）市场背景及情况

①养老服务社区涉及的一些宏观环境分析

人口老龄化趋势：人口老龄化是世界化的发展趋势（具体分析这里省略）。

经济发展：国民经济的快速发展为社区养老奠定了日益坚实的经济基础（具体分析这里省略）。

政治保障：党和国家的重视，为社会养老提供了政策和制度保障（这里不作具体分析）。

理论与实践：理论和实践的探索，为开发和运营老年公寓提供了发展的理论和实践依据（这里不作具体分析）。

人文环境：人文环境方面，主要是介绍项目所处城市的历史、人文、人情风俗等情况（这里不作具体分析）。

②养老服务社区的市场情况分析

房地产需求旺盛：这部分主要是行业分析（这里不作具体分析）。

养老服务需求迫切：这里主要是分析养老服务的市场需求（这里不作具体分析）。

支付能力保障：随着经济持续发展，城市居民家庭收支呈现出平稳增长态势，同时老年人的支付能力也一步步得到提升（这里不作具体分析）。

市场结论：通过以上分析我们可以看出，××对丁养老服务社区存在着庞大的市场需求，在××市现有的××万老年人口中，如果有1%的老人愿意入住养老服务社区颐养天年，最起码要建设10个××这样规模的老年公寓才能基本满足需求。因此，开发建设和经营养老服务社区是本公司未来发展的重头戏，本公司有一定的老年市场的服务经验，有一批忠实的潜在老年顾客群，并有该市场经营管理的专业人才以及较为充足的资金支持，本公司肯定会在老年产业上创造奇迹。

③主要竞争情况分析

A.养老服务市场的竞争分析。经过详细的市场调查，我们发现目前的××市场尚无专门的养老服务社区，也就是说，对于即将开发的××老年公寓项目而言，××市场基本并不存在行业竞争者和品牌竞争者。可以说，××老年公寓的这一项目将要开垦的几乎是一片处女地，这对于本公司的进入无疑将是一个极其有利的局面。

但是，一定意义上的形式竞争者和一般竞争者必然是存在的。××城市以及周边地区有一些能够提供一定养老服务的场所，如××老年公寓、××老年休养院、××生态村养老社区

绿地21城老人社区水系景观

等，以及市区内少量片区提供的社区养老服务试点。不过，相比较于专业的养老服务团队，已有的服务无论是从基础设施、人员素质，还是从服务质量等方面都无法满足××城市“银发市场”的需求，这预示着本公司的进入将面临巨大的市场空间。

当然，面对如此大的商机，不可能只有本公司独具慧眼，各方发现机遇的投资者也都跃跃欲试，也许是他们都看到了××城市的市民对城市环境的偏爱，例如××年××月，一家私人投资兴建的××老年公寓正式接受老人登记，虽然床位只有30多张，但一个多月时间，已经有200多个老人来咨询登记。

随着老龄化的加快，养老方式将更加多元化。以居家养老为基础，社区养老、机构养老为补充，政府为部分人群购买服务是养老业的一种趋势。老年产业也是朝阳产业，未来几年时间内，可能会有上亿元民间资金进入养老业。

据了解，在10年前，××城市全市不过七八家社会养老福利机构，基本上都只对城市孤老等特殊群体开放。近年来，各种民办的养老福利机构正不断涌现，服务对象也开始多元化，仅××市民政局审批的民办养老机构就达到20多家，这还不包括社区托老所之类的社区养老服务机构和一些以老年公寓等形式存在的机构。

据××城市的市老龄委办公室一位工作人员介绍，××城市现有老年人口××万人，但各类养老机构总床位数仅为××万张，不到老年人口的××%，兴办养老机构是必然趋势。

面对机会和市场空白，民间资金正纷纷进入该领域掘金。××区就采取民办公助的形式，由民间资金对原有的养老福利院进行升级。民营企业家××投资××万元，将××平方米的××福利院升级成了建筑面积××平方米的老年公寓，可以同时为400多个老人提供服务；而投入民间资金××万元的“××居”老年公寓也正在建设中。同时，各种依托街道、社区的养老服务机构也不断出现。

B.房地产市场的竞争分析。据统计，××年至××年××

市房地产开发投资完成额和商品房竣工面积年均增幅分别为23.86%、23.41%，而同期商品房销售额和销售面积平均增幅分别为37.33%、30.62%。近几年，××市房地产开发投资增长率××年为19.1%，××年为20.7%，××年为19.2%。统计资料说明，GDP基本保持在13%以上的增幅，而房地产开发投资的增幅却在20%左右。

××市的经济状况高速增长，××年，××市全年新建商品房成交面积达到××万平方米，同比增长7.71%，销售金额达到507.79亿元，同比增长21.88%；××年××市商品房成交量为××万平方米，新增商品房供应量为××万平方米，同比大幅增长33.94%。××年，全市商品房交易均价××元/平方米，同比增幅13.15%；商品住宅交易均价××元/平方米，同比增长18.96%。其中五城区商品房交易均价为××元/平方米，同比增长9.48%；商品住宅均价为××元/平方米，同比增长16.32%。

××年，××市共完成房地产开发投资××亿元，同比增长54.6%。在所有投资中，土地购置费××亿元，增长47.5%。商品房施工面积××万平方米，同比增长13.3%；新开工项目××个，增长49.2%；新开工面积××万平方米，增长32.4%；销售面积××万平方米，增长7.5%；商品房竣工面积××万平方米，减少24.9%；商品房空置1年以上的面积××万平方米，下降19.4%。

××年××月，××市国民经济呈现出平稳快速增长的态势。固定资产投资在基本设施和房地产开发投资的推动下，实现投资总额××亿元，同比增长34.7%；其中房地产开发投资××亿元，同比增长31.5%。在房地产开发投资增幅继续增长的同时，房地产新开工面积、竣工面积持续增加，分别为××万平方米、××万平方米，同比增长33.7%、43.5%，为市场供应提供了足够的保障。另外，市场的强劲需求使得新建商品房供销量、销售额保持稳步增长，销售面积达××万平米，同比增长20.8%。

绿地21城老人社区休闲区景观之一

以上数据表明，××市的房地产业是一个有着较强吸引力的市场，这样的领域中必然存在着众多的竞争者，我们耳熟悉能详的如××和××房地产公司等，无一不是该行业中的精英。

（4）项目SWOT分析

①机会

A.巨大的“银色市场”。这部分主要是分析老年公寓市场的发展空间（这里不作具体分析）。

B.政府的关注与支持。随着老龄化社会的来临，老年人口已经成为一个有其特殊需求的庞大群体，人口老龄化压力将开始显现并不断加重。人口总量过多、人口素质问题和老龄化的多重压力将给经济发展和社会保障带来严峻挑战。从我国的实际国情出发，如何解决老年人的养老问题成为社会各界广泛关注的问题，各级政府更是极为重视此问题。××老年公寓项目致力于解决社会的养老问题，必将得到政府的关注与大力支持。

C.GDP的保障。随着经济持续发展，××市城市居民家庭收支呈现出平稳增长态势，市民生活质量得到进一步改善。2005年最新统计结果显示，上半年××市城市居民人均可支配收入达××元，同期增长12.4%。在国家统计局公布的15个副省级城市和4个直辖市中，位列西部第一，超出第二位的××市533元。

调查显示，从收入构成来看，工薪收入仍是可支配收入构成的主体，但增长速度有所放缓，主导作用逐渐减弱。1～6月××市居民人均工薪收入××元，同期增长9.3%，低于可支配收入增长速度3.1个百分点。

另外，××市社会保障制度逐步完善，国家加大了对低收入群体的保障措施，进一步落实了低保金的社会发放，居民人均转移性收入达××元，同期增长23.5%，居各项收入增幅之首。

有了经济的保障，才能保证服务的实现，这也正是××此次开发该项目实现利润的重要条件之一。换言之，随着经济的发展，人民生活水平的提升，顾客更能享受得起我们的服务，我们也更加有利可图，这正是顾客与公司“双赢”，甚至是包括政府、社会在内“多赢”的最佳局面。

D.××市——养老胜地。在美国，有很多老人退休后选择到加利福尼亚和迈阿密居住，因为那里阳光充足，风景优美，以上两地也因此被称为“退休州”、“养老市”。

绿地21城老人社区休闲区景观之二

20年后，中国的哪个城市会成为退休老人的最佳养老地呢？一位投资养老公寓的业内人士认为，随着我国老龄化进程的加快，一些城市成为退休老人喜欢的休闲养老城市，常年有大量外地退休居民居住肯定是一种必然。而××市又具有5大优势：

第一，××市的气候、自然环境在各地居民中具有很高的号召力；

第二，××市周边旅游资源丰富，能够满足老年人对自然的喜爱；

第三，××市经济比较发达，生活便利；

第四，××市物产丰富，养老成本不高；

第五，××市未来退休人员较多，养老机构将不断兴起。

不可否认××市的经济、人文、自然等条件，使其充分具备了作为养老休养地的优势，未来的××市将是越来越多老年人的选择，而××市的养老产业的市场商机日渐明朗。

②威胁

A.观念落后，意识不足。虽然各级政府对老龄化的问题相当重视，但是在少数个别地区，由于我国长期形成的是家庭子女养老观念，因此面对我国人口老龄化的挑战，一些职能部门和社区管理与服务部门对开展和加强社区养老助老服务的重要性和迫切性认识不足，没有把社区养老助老服务事业提高到反映一个社会文明进步水平和提高人民生活质量、保持社会稳定的高度来认识，服务意识差。这些必然给社会公众带来了一些对于社区养老的负面心理影响，对于养老服务社区的开发产生一些阻力。

B.竞争者带来的压力。有商机必然有商家，虽然目前××市的养老产业刚刚起步，商家尚少，但不容置疑的是，在可预见的将来，竞争者必将纷至沓来，这对于该行业的任何商家都将带来一定的压力与风险。××老年公寓项目在不久之后，面对的必将是一个竞争日趋激烈的市场，在这里为数越来越多的潜在竞争者转化为现实竞争者，大家都希望在这养老产业的锅里分一杯羹，任何行业内部的现存者、行业外部的潜在进入者都必须清楚地意识到这一市场环境，并做好充分的准备迎接挑战。

③优势

A.对于目标市场较为了解。××开发实业股份有限公司现在主要从事的是殡葬火化、殡仪服务、灵骨存放、家人对死者常年的祭祀服务及（在园林观光和休闲时的）附加服务。经过在殡葬服务业领域的6年经营，公司已成为这项业务领域中的绝对领先者。迄今为止，在相同业务领域，公司没有现实的竞争对手。另外，公司曾通过借助社会资源并自己开发一些服务项目，进行简单的养老服务延伸，虽然由于硬件、软件方面存在的限制，使这类简单延伸出来的养老服务，始终没有成为公司的赢利源。但是，公司在这方面已经积累了大量的市场经验和顾客资源。

简而言之，长期从事老年产业，使得公司对于“银色市场”的特殊目标顾客有着较为清晰和深刻的了解，这些市场信息对于××老年公寓项目的开发将有着极大的指导意义。

B.专业化的服务队伍。长期的老年市场服务经验，无疑也为本公司培养锻炼出了一支具备专业素质的老年服务队伍，他们了解市场行情、熟知顾客需求、具备专业素养、提供优质服务、深受顾客信赖。××老年公寓项目的开发，无疑将为这些人才提供一个更为广阔的舞台，让他们的才华得以更加充分的施展。

C.经验丰富的管理团队。××开发实业股份有限公司董事长兼总经理××先生，长期身居重要的管理领导岗位，职业经历丰富，战略分析和决策能力突出，已从事老年产业多年，行业经验丰富，在本行业享有盛誉；公司副总经理××先生长期担任领导职务，具有敏锐的战略眼光和极强的协调能力；公司副总经理××先生长期在市场中行走，熟悉市场的全程运作，并具有全球视野；财务总监××女士，长期从事财务工作，培训过多名财务人员，理论实践经验均较为丰富。以这样一批优秀领导者为核心的公司管理队伍，既拥有丰富的市场经验，又具备深厚的知识基础。在××老年公寓项目的开发中，我们有理由相信，公司的管理团队将会以自身的独特优势，使××老年公寓项目养老服务社区赢得市场与消费者的青睐。

D.先入为主。众所周知，中国的殡葬业长期以来由政府设立的专门垄断机构，这类机构通过进行相应的改革走向市场化道路，××老年公寓项目公司创业之初率先进入这样的行业，获得了极为重要的两个先机：一是政府给予政策和其他方面的全力支持，如公司在殡葬业务方面长期得到如税收优惠、项目建设的征地、用地的优惠等；二是原来由政府垄断经营的行业或业务，在政府主动试行改革之时，先进入者就没有什么竞争者，经营风险极小，能够使公司很快渡过建立初期的困难，进入良性循环的状态，公司在殡葬业务方面提供的高质量的服务不仅赢得了一批忠诚的消费者，在潜在客户中获得了较高的美誉度，而且还多次得到地方政府的表彰和奖励，并使政府加大在政策上的支持力度，公司申报公开上市的难度将较小。

绿地21城老人社区适合于老年人活动的景观阳台

××开发实业股份有限公司准备投资建设和开发的××老年公寓项目、养老服务社区项目，也是看准中国政府准备改革原来由政府承担的对孤寡老人的福利性养老方式的意愿和决心，并利用这样的机会，将公司从“送终”延伸到“养老”服务领域，构造一个更为完整的老年服务市场的产业链，这也是公司再次看准一个由政府作为财政包袱被“甩”出来的、将大有作为的老年服务业务领域。

上述两个绝对有利因素，将再次为公司此次投资建设××老年公寓项目提供外人很难了解和发现的好处及赢利机会。

E.与房地产的不解之缘。××年，“××墓葬”整体变更设立名为“××开发实业股份有限公司”，由××房地产开发公司和××等25个自然人发起成立，是全国殡葬业和老年产业的第一家股份制企业。审视××开发实业股份有限公司的历史进程，我们不难发现，公司创立者之一正是××房地产开发公司这样一个房地产行业的精英。那么，××开发实业股份有限公司在房地产行业的信息获取、经营管理经验等方面，自然具有其他竞争者所不具备的先天优势。从某种意义上讲，公司开发××老年公寓这一项目可以说正是发挥自己之长。

④劣势

由××市众多知名房地产商开发的××和××等一系列热销楼盘，将会与本公司即将开发的××老年公寓项目激烈地争夺顾客群。

××老年公寓项目由于提供专业化的、健全的、优质的养老服务，并配有专门的硬件设施，××老年公寓项目社区的房产销售价格必然将在一定程度上高于其他楼盘，如果单单从价格一个指标衡量，××老年公寓项目的价格竞争优势将相对较弱。

⑤关键问题分析

××老年公寓项目，以优质价高、高档专业的形象进入市场，是否能如预期的那样得到目标顾客的认可与接受呢?

××市养老服务市场上存在一定数量可以提供类似服务的机构，它们提供的养老服务必然会对人们是否选择××老年公寓项目这种专业化的养老社区产生一定的影响。

另外，数据分析表明，××市的房地产业是一个有着较强吸引力的市场，这一领域中存在着一大批诸如××和××房地产公司等众多的竞争者，这对于××老年公寓项目的开发造成一定的压力。

然而，毕竟有竞争才有发展，虽然竞争者不在少数，但是××开发实业股份有限公司凭借多年从事老年产业的专业优势、房地产业的先天优势、充足的人财物的资源优势，以及抢先进入养老服务市场的先机的获得，使得××老年公寓项目在起点已经领先对手，只要有足够的实力与耐力，我们有充分的理由相信××老年公寓项目可以一路领先、一往无前。

（5）项目可行性分析

截至××年年底，××市60岁以上老年人口达××万人，占全市总人口的14.6%；××年××市户籍60岁以上老年人口数为××万人，占全市户籍人口总数的15.28%；目前××市全市人口总规模达××万人；而“十一五”期间全市65岁及以上的人口数占总人口比例将超过10%。而××开发实业股份有限公司开发的××老年公寓项目总户数为××户，只占××年××市老年人口数的0.16%，可见××老年公寓项目仅在××就拥有极其广阔的销售市场，更不用说近年来越来越多的拥入××市的外地购房者。简言之，××老年公寓项目的销售将会有着大好的前景。

绿地21城老人社区：古朴、大气的内部装饰，迎合了老年人的审美情趣，采用双层中空玻璃，达到了最佳的隔音效果，保证了老人对安静的居住环境的要求

根据财务计划提供的数据，××老年公寓项目的总建筑成本与销售费用的合计，预估为××万元；整个社区的各类住房共××户，销售预估收入为××万元，计算可知社区住房销售可获得现金利润××万元，此外还可以得到公用建筑的资产2025万元。

另外，项目每年的管理服务活动还将为××开发实业股份有限公司创造一定的利润。管理服务活动的总费用支出约为610万元，这些活动带来的收入约为763万元，公司每年将从中获得利润153万元。

综上分析，我们可以得出结论，××开发实业股份有限公司进军老年产业开发××老年公寓项目将是一举多得：一是为公司找到了新的利润增长点；二是延伸了公司的产业链，完善了老年产业服务体系；三是提升了××开发实业股份有限公司的知名度，为公司的未来发展开拓市场作出贡献。

（6）营销计划

①目标市场

××老年公寓项目主要面向3类目标顾客群体：

A.本身文化程度、收入水平较高的企事业单位老年退休人群。这类顾客较高的文化素质，决定了他们对于老年生活有着较高的追求，他们不但希望自己的老年生活拥有较好的医疗、家政等服务保障，更希望晚年生活能够丰富多彩，满足其物质和精神的双重要求。同时，这类顾客本身经济基础丰厚，可以独立负担起在专业养老社区购房的经济开支，一般不需要子女的经济支持，故他们在购买上具有更大的自主决定权。

B.经济收入、文化素质较高的中年子女。这类人群一般工作较为忙碌，缺乏足够的陪伴父母、照顾父母的时间，但他们非常孝敬父母、关心父母的老年生活与身心健康，希望父母可以在一个适宜的居住环境中安度晚年。这类目标顾客群既有购买专业养老服务社区住房的支付能力，又极其希望可以为父母购买这类住房作为养老之用。

C.有一定收入、不喜欢城市中心区的喧嚣生活环境、追求安逸平静的老年生活的退休老人。这类老人也许收入并不丰厚，但他们对于养老生活有着自己的追求，××老年公寓项目开发的小户型住宅楼正适合这类顾客群。

②产品

××老年公寓项目是由××开发实业股份有限公司开发的我国西部第一个大型现代化老年社区，××开发实业股份有限公司在开发××老年公寓项目的构想提出之初，就将××老年公寓项目定位为中高档的专业化的养老服务社区。

××老年公寓项目社区总占地面积××亩，其中建筑用地××亩，道路广场××亩，绿化水面××亩，××车位的生态停车场占地××亩，社区容积率××，绿化率超过50%，提供了非常适于养老休闲居住的环境。该社区建设分为两期，第一期建设面积××万平方米，第二期建设面积××万平方米，整个社区××年××月开工至××年××月竣工。社区居住建筑分为院落式住宅楼、酒店式公寓楼、独院式民居3类，户型分为28～105平方米不等的8种，充分满足各类目标顾客群的需求。除此之外，社区内还设有幼儿园、茶园茶馆、食堂餐厅、交通车等公共设施，以及日用百货、美容美发、音响出租、花店、洗衣房等商业设施满足老年人日常生活需求。

绿地21城老人社区内部商业建筑造型现代感十足，砖红色的外立面与社区英伦风格建筑遥相呼应，舒适宜人

社区不仅仅向老年人提供最佳居住环境，而且根据老年人生活特征，为他们提供全方位的养老服务。完善配套的医疗保健设施和文化娱乐设施是这里的显著特色，人车分离设计、无障碍通道、四层院落式电梯设计、双扶手、梯级低缓、方便轮椅、紧急呼叫系统一应俱全。这里有常年的寄宿式老年大学，是专为老年人设计的“老有所居，老有所养，老有所医，老有所为，老有所乐”的生态园。社区物业根据老年人的生活实际，有针对性地提供老年文化娱乐、交通、安全保卫、家政、老年营养餐饮服务，充分体现了对老人周到齐全、无微不至的关爱。××老年公寓项目养老服务的3大主张分别为：

主张1：老年生活，张扬个性；

主张2：阳光院坝，邻里如亲；

主张3：子孝孙贤，尽享天伦。

××老年公寓项目将老年人在家中接受的帮助和关怀的各种家庭照顾作为提供社区养老服务的参照标准，以倡导老年健康生活为己任，公益性服务为核心，实行综合配套、多元经营，以提高社区的生活品质。凡租住、购买××老年公寓项目的老年朋友皆可享受以下14项服务：

A.医疗保健与康复疗养。按会员制设立每位会员的健康档案，定期进行全面体检；免费保健疗养咨询；免费参加有关的保健讲座；开办小型的老年病医院，设置门诊、化验、急诊、观察病房、家庭病床，送医药上门；全天候救护车及护士值班服务，在这方面总的要求应当是“小病不出门，大病不误诊，急症及时救，慢病可疗养，事事可咨询”。

B.心理咨询。影响老人健康的重要原因是心理障碍，园区将组织心理医生为大家进行心理咨询与治疗。

C.交通服务。开设大巴专线往返于××市与园区之间，园区内手推车供免费使用，并准备一定数量的轮椅供出租使用。当地的三轮车与老年车可以进入园区，并可以代客户租用各种用车。

D.安全保卫。每户都设置紧急呼叫装置，服务人员24小时值班；园区内设置三重安全保卫措施：红外监视、门卫值班、保安24小时巡逻。

E.家政护理。为客户提供经过培训之后持证上岗的养老护理员以不同方式（如全天、白天、钟点、出行等）为老年人服务，此外还为客户提供各种家政、维修、搬运等服务。

F.购物。园区设有老年用品和日常用品商店并接受各种代购服务；园区内设有便民商店并接受各种电话购物、免费送物上门。

G.报刊服务。代订各种报刊，报刊投送到家。

H.音像制品的出售与租赁。建立专门的服务部开展有关业务。

I.幼儿入托。幼儿园可以全天入托，也可以临时代管。

J.园艺。为了满足部分老年人对于园艺与种植的爱好，园区将辟出专门的地块出租给老年人，供他们自己种花种菜，丰富晚年生活。

绿地21城老人社区商业街

K.旅游。园区与大型旅行社合作，经常组织夕阳红专项旅游；还将与北京、大连、广州等地的老年社区合作，举行异地交换居住疗养的业务，尽可能为客户降低费用。

L.房屋置换。为了方便部分在××城内有房而又希望到园区居住的客户，公司可以代为办理城内房屋的出售或出租事宜。

M.法律顾问。园区与有关的律师事务所合作，为客户提供法律顾问与咨询服务。

绿地21城老人社区内部景观

N.老有所为服务。这是一个常常被忽视而又十分重要的服务，也就是说要尽可能地为老人（特别是有一技之长的老人）提供一个老有所为的活动舞台，提供必要的条件。鼓励老年人尽可能“有所事事”，而不是“百无聊赖”；在老年大学中开办自创中心让老年人进行各种手工制作；如果有的老人能够写作诗文或能够撰写回忆录，园区将代为推荐、联系出版与发表。

××开发实业股份有限公司始终坚信，项目的房屋销售只完成了××老年公寓项目开发的第一步，完善的养老服务才是最终赢得顾客信赖的依托和保障，是公司在广阔的老年产业市场中进一步发展的真正基石。

③价格

这里主要是××老年公寓项目户型分档销售价格情况列表，不做具体罗列。

销售安排：

××年××月中旬，为了照顾本公司股东集资建房，向股东限售第一期100套住房（无独院），按第一档最低价出售。收全款。

××年××月中旬，为了照顾本公司多年来的老客户，向老客户限售第一期100套住房（无独院），按第二档优惠价出售。预收80%。

××年××月，住宅建筑已经断水，向公司所有股东和客户出售第一期各种住房，按第三档价出售，收全款，同时开始出售独院。

××年××月，第一期已经建成，公开向全社会出售第一期现房，按第四档价出售。

××年××月，园区完全可以参观，第二期也已动工，向全社会出售第二期期房，按第四档价出售。根据具体情况，可以考虑临时确定某种优惠政策。

××老年公寓项目的各项养老服务价格按照市场价格计算。

××老年公寓项目将主要目标定位于中高端市场，提供宜人的居住环境与完善的养老服务，社区房屋的销售价格自然比一般楼盘略高，但从性价比的角度衡量，购买××老年公寓绝对会带给消费者物超所值的收获。

④渠道

××老年公寓项目的销售，将在使用直接销售和委托代理的传统模式的基础上，同时开辟网络营销模式的新型销售模式。

A.对于销售给股东和老顾客的部分住房，由公司采取直接销售的模式，因为公司对于这部分顾客情况较为熟悉，保持了良好的联系，故采用直销模式。销售过程中发生的费用也完全可由开发商来控制，高效从严支出可以大大降低物业销售的费用。而且从渠道控制的角度，由开发商自己组建的销售团队和部门相对委托代理方式更容易管理和控制。

B.随着消费者消费行为的理性和成熟，房地产开发企业一方面要扩大规模追求规模经济；另一方面又要走专业化道路，细分产业市场，企业为了发挥专业开发优势，经常将销售工作委托给更具专业优势的销售代理商来完成。因此，对于面向社会销售的住房的80%，××开发实业股份有限公司决定委托给专门的房地产销售代理商执行。这种销售模式的优势在于：一是它简化了商品市场的交易活动，节约开发商和顾客共同的时间和精力，缓解了开发商人力、物力和财力的不足，提高企业运作的效率和效益；二是相对于直销模式，委托代理分散了企业开发房地产的风险；三是由于专门从事代理销售工作，代理商一般都有较多的销售业务员和更为广泛的客户关系；四是企业在推广新产品的时候，它更快地将产品推向市场并为顾客所了解，实现房地产商品的销售。

C.21世纪是信息化的时代，互联网席卷中国大地的时候，也正是中国住宅与房地产业飞速发展的时候，房地产与互联网的结合必将引发房地产产业的营销革命。网络营销实质是营造网上经营环境，包括网站本身、顾客、网络服务商、合作伙伴、供应商、销售商相关行业的网络环境。在这种环境下，房地产企业可以对开发项目进行网上宣传、对客户进行项目产品的网上调研、接受意见反馈或通过商品房网上竞拍给项目造势，提升项目人气。作为传统的营销方式的补充和发展，网络营销能更有效地促成消费者与企业或企业与企业之间交易活动的实现。

绿地21城老人社区雕塑

我们已经清楚地意识到，网络营销必然是未来房地产销售的重要趋势，××公司需要尽快适应这一潮流，并尽可能地占据有利地位。所以××公司的房地产网络营销势在必行。此次，××老年公寓项目的销售就是××公司进入这一模式的大好时机，公司将投入一定的人力、物力和财力，建设起网络销售的平台。公司将拿出面向社会销售的住房中的20%，作为网络销售的对象，尝试网络销售，为将来公司的销售积累经验奠定基础。

⑤促销

此次的××老年公寓项目的促销将采用广告、销售促进、公共关系、人员推销和直接营销并用的模式。

A.广告。由于销售主要针对××地区进行，故××老年公寓项目的广告将主要针对当地报刊、专门针对老年人和中年高收入群体的杂志刊登纸质媒体广告，同时在市区内老年人常出入的医疗、健身等场所附近设立形象广告牌、灯箱广告、公交站台广告、车身广告等，吸引特定顾客群的注意。

B.销售促进、公共关系与人员推销。选择节假日，在市区内选择场所为老年人提供免费的健康咨询、简单体检等服务，以吸引目标消费者的注意、调动其参与性。在同一场所可同时进行××老年公寓项目模型的展览会，当场派发公司印制的××老年公寓项目的宣传资料，并由公司专门安排的咨询人员进行现场咨询与推销展示陈述。

C.直接营销。从专业的老年医疗、健身等机构寻找特定目标顾客的联系方式，采用邮寄销售目录的方式进行促销。

（7）财务计划及分析

鉴于资源限制，这里只提供了项目的现金流量表。财务计划主要包括具体的融资需求、融资安排等，财务分析则包括投资回报分析、盈亏平衡分析、财务风险分析、财务成本分析等模块，这里不针对这些问题作具体的分析。

现金流量表

项　目	金额（万元）
房屋销售产生的现金流量	
销售独居式民居收到的现金（按销售额的90%）	××
销售院落式住宅楼收到的现金（按销售额的90%）	××
销售酒店式公寓楼收到的现金（按销售额的90%）	××
销售可出售格楼收到的现金（按销售额的90%）	××
销售剩余房屋收到的现金（销售额其余的10%）	××
现金流入小计	××
建设总支出现金	××
作为销售费用支出的现金	××
现金流出小计	××
房屋销售产生的现金流量净额	××
管理服务活动产生的现金流量（每年）	
利用公共服务设施收到的现金	××
销售会员卡收到的现金	××
老年大学学费收到的现金	××
幼儿园等服务收到的现金	××
茶园茶馆服务收到的现金	××
食堂餐厅服务收到的现金	××
交通车服务收到的现金	××
利用商业设施收到的现金	××
代户出租服务收到的现金	××
家政等服务收到的现金	××
医药等服务收到的现金	××
现金流入小计	××
作为人员工资支付的现金	××
水电费用支出的现金	××
园林养护支出的现金	××
设备维修支出的现金	××
其他开支	××
现金流出小计	××
管理服务活动产生的现金流量净额	××

（8）其他

这部分主要是说明一下项目的特别情况，即那些未能在上述内容中陈述清楚的问题。

对于商业计划书所需要附带的附件，应以单独的文件附在计划书的后面。这里不作相关情况的罗列。

养老机构合同参考范本

在起草养老服务合同时，应当明确甲方即养老机构（通常为老年公寓的开发运营商）和乙方即入住的老年人的权利和义务，主要包括收费的标准和提供相关服务的各种细节。

价值点1	价值点2	价值点3
界定老年公寓服务双方的具体权利和义务	明确老年公寓服务的特殊性	明确入住老年公寓的流程

合同书

合同编号：________________

本合同适用于具有完全民事行为能力、自己有能力负担全部费用，但需要第三方（以下称丙方）提供保证担保的入住老人。此种情况下，丙方同时为乙方指定的代理人和联系人。

甲方（养老服务机构）：________________

法定代表人：________________

地址：________________

电话：________________

邮政编码：________________

乙方（入住老人）姓名：__________ 性别：__________

出生年月：________________

身份证号：________________

家庭住址：________________

监护人（保证人，包括但不限于入住老人的法定赡养义务人、其他亲属、原单位或其他自愿担任入住老人担保人的单位或个人）

监护人为个人的，填写：

姓名：__________ 性别：__________

身份证号：______ 与乙方关系：______

家庭住址：______ 工作单位：______

办公地址：______ 邮政编码：______

通信地址：______ 邮政编码：______

办公电话：______ 家庭电话：______

手机号：________

监护人为单位的，填写：

单位名称：________________________

法定代表人（或负责人）：____________

通信地址：__________ 邮政编码：__________

联系人：__________ 手机号：__________

办公电话：__________

鉴于：

1. 甲方是依法成立的养老服务机构，能够提供居住、生活照料、膳食、心理精神支持服务等一系列养老服务；

2. 乙方经实地考察甲方，自愿入住甲方开办的××老年公寓接受甲方提供的专业养老服务，并愿意向甲方支付相应费用；

3. 乙方指定监护人在紧急情况下为自己的代理人，代理处理乙方在本合同项下的相关事务，监护人对此表示同意。

为营造温馨、舒适、安全的生活环境，满足老年人“老有所养、老有所乐”的需要，切实保障老年人的合法权益，明确各自的权利义务，依据《中华人民共和国老年人权益保障法》、《中华人民共和国合同法》等法律规定、行业及地方规范，本着诚实信用的原则，经过友好协商，就养老服务事宜，

美国帕尔迪房地产公司摒弃了传统的客户细分方法，从生命周期和支付能力两个角度，将所有人群细分成11类客户。在这个过程中，他们发现老年退休群体是市场增长的重要力量，而Del Webb以理解和预测活跃长者的进化需求见长，且有国内老年住宅唯一著名品牌。于是帕尔迪采取并购Del Webb方式攻占了这一市场，快速实现市场占有率和领导力，事实证明，并购后的细分老年住宅市场占据公司业绩1/3强。

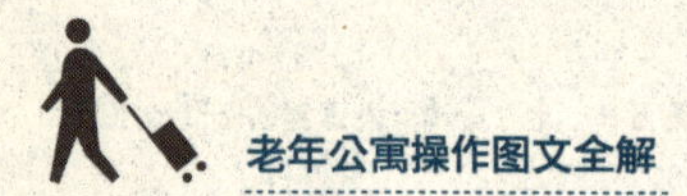

自愿达成以下协议条款，供各方遵照履行。

第一条　甲方接收乙方入住的条件及程序

1. 入住条件：乙方无精神病、无传染性疾病。

2. 入住程序：

（1）乙方向甲方提供乙方及监护人共同签字的《健康状况陈述书》作为本合同附件一。该陈述书应包括乙方既往病史情况、目前是否患有疾病、心理和精神状况、自理能力等内容。

（2）乙方应向甲方提供乙方在本合同签署前1个月内在本市二级甲等以上医院进行体检的《体检报告》（体检项目包括：精神健康状况、传染性疾病等）。

该《体检报告》作为本合同附件二，由甲方作为乙方入住的健康档案进行保管。

（3）自理能力测评。

甲方根据乙方提供的《健康状况陈述书》、《体检报告》及对乙方的身体状况进行综合测评，确定乙方为＿＿＿＿＿＿（在以下4种情况中选择一种）：

①生活自理老人；②生活半自理的老人；③生活完全不能自理的老人；④特护理的老人

乙方对甲方所作的自理能力测评结果表示认可。

（4）填写《入住登记表》（见本合同附件三）。

第二条　服务地点及服务设施

1. 甲方提供养老服务的地点为＿＿＿＿＿＿＿＿（明确到养老院的具体门牌号）。

2. 乙方选择入住的房间类型为＿＿＿＿（在以下几种情况中选择一种）：

① 单人间；②双人间；③三人间；④多人间（四人以上，含四人）

3. 乙方选择的具体房间为＿＿＿＿。

乙方基于正当理由要求调整房间的，不涉及房间类型变化的，甲方在条件许可的范围内应尽量满足。涉及房间类别变化，由此增加费用负担的，还应由乙方、监护人书面确认是否调整。

4. 甲方提供的服务设施包括房间内设施及公共设施，具体明细见本合同附件四。

第三条　服务项目及质量标准

1. 甲方按照民政部的规范要求，可以提供个人生活照料、膳食、心理/精神支持、安全保护、环境卫生等服务。具体服务范围详见本合同附件五。

2. 根据乙方实际情况，三方同意乙方选择的服务项目见本合同附件六。

3. 乙方如选择其他服务项目，或因乙方的情况发生变化需要变更服务项目，由甲乙两方另行协商并签署补充合同确定。

4. 甲方向乙方提供服务的质量标准应符合国家的要求，在本合同履行期间国家或地方规范有强制要求的，按照强制标准执行。本合同另有符合国家和地方规定的服务质量标准约定的，按照合同约定执行。

英国的老年公寓外立面景观

第四条　体检

甲方每年组织乙方进行______次体检，并将体检结果告知乙方。体检费用由乙方负担，监护人负连带责任。

如果经体检，医生建议乙方做特殊检查的，甲方应及时通知乙方，征得乙方同意后，安排针对乙方的特殊检查，相关费用由乙方承担，监护人承担连带责任。

乙方应配合甲方的安排体检。

第五条　收费

1. 养老服务费用

（1）甲方提供养老服务的各种服务项目的收费标准见收费表。

（2）根据本合同第三条乙方所选择的服务项目，乙方入住养老院的养老服务费标准为每月___元，计每年___元。该费用包括______、______、______、______（根据服务项目列举每个项目的收费）。

（3）如根据第三条第3项乙方接受了其他项目的服务，甲方应根据本条公布的收费标准或根据达成的补充合同收取费用。对此，甲方每月向乙方提供《个人费用明细表》，乙方应签字确认其在甲方接受服务的费用明细，如有异议，可在收到《个人费用明细表》后7日内提出，甲方应作出书面说明。

（4）所有相关费用由乙方支付，甲方应向乙方开具收据。

（5）上述养老服务费的支付时间为________________。

2. 押金（如甲方不要求，则无须填写）

押金分为入住押金和医疗备用金两部分。

（1）乙方应于签约时交纳相当于____个月养老服务费的费用计____元作为入住押金，用于支付延付的养老服务费用、违约金、赔偿金等。

（2）乙方应于签约之日向甲方支付医疗备用金______元，用于乙方突发急病的救治、交付给医院的押金及支付相关费用。

（3）合同期限内押金不足______元，甲方应书面通知乙方，乙方应在接到通知之日起10日内补足。

（4）入住押金和医疗备用金不计利息（若计息则注明计息标准），甲方不得挪用，在合同到期或合同提前终止时，扣除相关费用后应于合同终止的同时返还乙方。

第六条　甲方的权利、义务

1. 甲方的权利

（1）按照本合同约定收取相关费用；

（2）按照公示的管理制度对乙方进行管理；

（3）在征询乙方的意见后，制定、修改管理制度；

（4）为了乙方的健康和安全，有权根据乙方所需服务项目的变化情况调整乙方入住的房间；

（5）为了乙方的健康和安全，在乙方出现紧急情况时，有权在通知监护人的同时采取紧急措施。

2. 甲方的义务

（1）按合同约定向乙方提供符合服务质量标准的护理

服务。

(2) 按合同约定提供各项服务设施，确保养老服务场所、设施符合行业标准规定和正常运行。

英国的老年公寓之一

(3) 按照规定配备符合比例要求的有资质的各类护理人员提供养老服务。

(4) 在提供服务的过程中，尊重乙方，保障乙方的人格尊严和人身、财产安全。

(5) 在条件许可的情况下尽量满足乙方调整居住房间的要求。

(6) 当乙方发生紧急情况时及时通知监护人或其他约定的联系人。

(7) 为乙方建立个人档案，将包括乙方的入住登记表、体检报告等健康资料以及日常经费开支情况等个人信息归入其中，完整保存。除向乙方、监护人和其他有权部门（公安局、检察院、法院、养老服务行业主管机关因办案、监督、检查需要）提供查阅、允许复制外，不得对外透露。

(8) 允许监护人及经乙方许可的亲属和其他人员探视乙方并提供方便。

(9) 在乙方无力支付养老服务费用、监护人不能及时承担担保责任时，依法妥善安置乙方。

(10) 接受乙方和监护人对甲方的合理建议和监督。

第七条　乙方的权利、义务

1. 乙方的权利

(1) 按照约定的服务项目获得甲方提供的符合服务标准的养老服务；

(2) 对甲方的服务有批评建议的权利；

(3) 对自身的健康状况、费用支出、入院记录等有知情权，有权查阅、复印甲方为其建立的个人档案；

(4) 有权了解提供服务的人员是否经过专业培训，是否具备相应资质，对未经专业培训或不具备相应资质或提供服务不

合格的护理人员有权要求甲方更换；

（5）在甲方条件许可的情况下有权要求调整房间，甲方应尽量满足；

（6）有参加社会活动的自由和权利；

（7）在入住期间依法享有人身自由；

（8）享有有隐私权，人格尊严和人身、财产安全不受侵害；

（9）有权提前10日通知甲方解除本合同；

（10）在突发急病的情况下有权获得及时医疗救助。

2. 乙方的义务

（1）入住前要如实向甲方反映本人的情况，如脾气秉性、家庭成员、既往病史等；

（2）入住后要自觉遵守养老机构的规章制度，接受管理，爱护甲方提供的各项服务设施；

（3）与其他入住老人搞好团结；

（4）在接受甲方提供的养老服务期间，因疾病出现诊疗情形，应在治疗期间遵守医嘱，配合治疗；

（5）按照约定的时间和金额支付养老服务费。对偶发性费用如治疗、急救费用等应随时结清。

第八条　监护人的权利、义务

1. 监护人的权利

（1）对乙方的身体健康和享受服务的情况等有知情权；

（2）有权查阅复制乙方在甲方的档案资料；

（3）遇紧急情况，包括但不限于乙方发生走失、身体健康状况出现紧急情况时，有权第一时间从甲方得到相关信息；

（4）对乙方有探视权；

（5）经乙方同意，在乙方的权益受到损害时有权代理乙方向甲方主张权利。

2. 监护人的义务

（1）入住前如实向甲方陈述其知悉的乙方的脾气秉性、家庭成员、既往病史等可能影响服务的情况。

（2）应经常与乙方进行沟通，保持联络，满足乙方的精神需求；至少每月探视乙方___次，因故长期不能来探视的，应及时通知甲方。

（3）家庭及单位地址、联系方式变更时，应及时通知甲方。

（4）监护人应及时协助甲方处理乙方出现的紧急情况。

（5）按照本合同约定，监护人自愿就乙方入住甲方期间发生的全部债务承担连带责任。

第九条　特别约定

1. 出现疾病或事故等紧急事件的处理

（1）如乙方在入住期间突发疾病或身体伤害事故，甲方应及时通知丙方，同时尽自身所能立即采取必要救助措施，及时联系120急救车辆；如需到医疗机构急救，甲方应派人陪同。不能及时联系上丙方的，应尽早与本合同确定的其他联系人取得联系，通报情况。

英国的老年公寓之二

（2）由此发生的一切费用包括但不限于急救费用、治疗费用、住院押金等均由乙方负担，监护人承担连带责任。

2. 乙方去世的善后服务及相关费用

（1）本合同有效期内，如乙方去世，甲方应及时与丙方取得联系，监护人负责善后处理并承担相关费用。

（2）甲方负责办理死亡证明，负责与殡仪馆联系的，监护人应向甲方交纳善后服务费___元。

（3）发生本款约定的情况，如甲方自发出书面通知之日起三日内仍无法与丙方取得联系，或者虽然取得联系但监护人在甲方发出书面通知之日起三日内仍不来协同处理相关事宜的，乙方、监护人在此授权甲方本着合理善意、符合公序良俗的原则进行善后处理，包括但不限于遗体火化，骨灰寄存等，发生的一切费用由监护人承担。

3. 甲方与监护人联系中断

(1) 因监护人提供的联系地址、联系方式不准确或不详细或变更后未及时通知甲方，或其他原因致使甲方无法与监护人及时联系，此种情况连续达一个月则视为联系中断。如果联系中断的情形持续两个月，甲方与乙方协商后，有权重新确定联系人，但不免除监护人应承担的义务。

(2) 如果在监护人联系中断的情况下出现监护人应承担保证责任的情形，则甲方有权起诉监护人，监护人应负担由此产生的一切费用，包括但不限于乙方拖欠的养老服务费、违约金、赔偿金、诉讼费用、甲方聘请律师实际支付的律师费及为挽回损失所支付的一切费用。

4. 特殊情形责任的负担

(1) 乙方不服从甲方管理、不听从甲方劝阻或不接受甲方服务，食用在外自购食品或探视亲友送来的食品等原因造成的损害，由乙方承担。遇上述情况，甲方应及时通知监护人。

(2) 本合同有效期内，乙方因自身身体原因患病或去世的，甲方应在所提供服务和自身能力的范围内积极救治，但对乙方的疾病或死亡不承担责任。

(3) 因不可抗力致乙方受到伤害，后果由乙方、监护人承担。

5. 本合同关于乙方和其监护人权利义务的约定，并不免除对乙方有法定赡养义务的其他人员的法定责任。

第十条　合同的变更和解除

1. 合同的变更

(1) 根据乙方健康状况的变化，甲方可以提出变更服务项目方案的建议，并以书面形式通知乙方及监护人，乙方和监护人应对新的方案和收费金额进行确认，如有异议应以书面形式回复。如乙方或监护人收到甲方变更护理方案的书面通知后既不确认又不提出异议，甲方有权根据乙方的健康状况调整服务项目或提出解除合同。若乙方接受甲方调整后的养老服务，乙方和监护人有义务支付调整后的养老服务费用。乙方和监护人拒绝根据调整后的服务项目支付养老服务费用的，甲方有权解除合同并对已提供的服务按照调整后的收费标准收取服务费。

（2）当与甲方日常管理、服务直接相关的食品或人工的市场价格上涨时（以国家统计局公布的数据为准，食品价格同比上涨超过___%，居民消费价格指数CPI同比上涨超过___%），甲方有权在该上涨幅度内适当调整收费标准，并将价格调整的通知在调价前30日以书面形式通知乙方及监护人。

乙方或监护人对价格调整有异议的，可在收到通知后15日内以书面形式提出解除合同；乙方或监护人虽有异议但要求继续按照原收费标准履行合同的，甲方有权提出解除合同。这两种情况下解除合同，甲方及乙方、监护人互不承担违约责任。

如果乙方或监护人收到通知后15日内不以书面形式提出异议，但拒绝根据调整后的价格支付相关费用的，甲方有权解除合同并按照原收费标准收取已提供服务的费用。

2. 合同的解除

下列情况下，可以解除本合同：

（1）甲方提供的服务不符合合同约定，或因甲方或甲方工作人员的过错造成乙方人身、财产损害的，乙方有权提出解除合同。

（2）如果乙方无故拖欠各项费用超过两个月，经甲方催告后10日内仍不交纳的，甲方有权解除合同，书面通知乙方出院。如果乙方在甲方发出解除合同通知后7日内仍不出院，甲方有权提起诉讼，请求法院确认合同解除。此种情况下解除合同，乙方除应支付拖欠的服务费用、诉讼期间的养老服务费用，还应当支付相当于1个月服务费的违约金，并负担由此产生的诉讼费用，包括但不限于诉讼费、甲方聘请律师的实际支出等。监护人承担连带责任。

（3）乙方严重违反甲方的规章制度，甲方有权解除本合同。

瑞典的老人住宅之一

(4）发生不可抗力或甲方破产等情况，致甲方不能履行合同，甲方在通知丙方后应协助乙方转至其他养老院或送回乙方或丙方住所。

(5）乙方因疾病住医院治疗，甲方应当主动询问乙方是否与甲方解除合同，此种情况下，乙方可解除本合同，无须承担提前解除合同的违约责任。如果乙方不提出解除本合同而要求保留床位或房间的，应照常向甲方交纳____、____、____等费用。

(6）国家法律政策的变化及不可抗拒的自然灾害。

(7）合同终止结算护理等级标准计算，当月不满10天（含10天）按半个月标准收费，满10天按一个月标准收费。

(8）因甲方提出调整养老服务项目和（或）收费的方案，三方无法达成一致的，乙方可以提出解除合同。

(9）乙方不适应居住或管理环境，提前10日可以提出解除合同，无须承担违约责任。甲方应在10日内结清款项，退回押金。

第十一条　违约责任

1. 因甲方或甲方工作人员过错造成乙方人身或财产损失的，应由甲方承担赔偿责任。

2. 甲方没有按约定提供服务，应相应降低收费标准；由此造成乙方人身或财产损失的，还应当赔偿乙方实际损失。

3. 甲方服务人员资质不合格或提供的服务不合格，经乙方或丙方提出，甲方不及时更换或改进服务达到合格的，乙方或经乙方书面授权后丙方有权解除合同，并要求甲方减少不合格服务部分的收费，由此造成乙方人身或财产损失的，还应承担赔偿责任。

4. 甲方或其工作人员侵犯乙方隐私权或人格尊严的，造成乙方精神损害，应承担赔偿责任。

5. 甲方或其工作人员侵害乙方及监护人对甲方提供的养老服务的知情权的，乙方和监护人有权要求甲方改正，并承担乙方和监护人因行使知情权发生的所有费用，造成乙方、监护人损失的，还应赔偿其损失。

6. 乙方不按约定时间交纳费用，除应尽快补足所拖欠的费用外，还应承担逾期付款的违约责任，具体为：每逾期一日承担万分之三的违约金。

7. 乙方违反甲方制定的各种规章制度，包括但不限于违反禁止房内吸烟的规定、不服从甲方管理、扰乱他人正常生活、打架斗殴、故意伤害他人身体或其他违法、犯罪行为等造成自身伤害的，由乙方自行承担全部责任；由此造成甲方或第三人（包括但不限于其他入院老人或亲属、甲方职工、来访人员等）人身或财产损失的，由乙方承担法律责任，丙方对此承担连带责任。

8. 非因不可抗力因素和乙方过错或者不符合本合同约定的解除合同的条件，甲方提出提前解除合同，应向乙方支付违约金，违约金的具体标准为____________。

9. 甲方需要停业、转让的，需提前3个月通知乙方、监护人，并依法妥善安置乙方。

瑞典的老人住宅之二

丹麦的老人住宅

第十二条　免责条款

因不可抗力导致甲方无法履行本合同，甲方应在发生不可抗力事件后及时通知乙方和其监护人，本合同自动解除，各方不承担解除合同的责任。甲方、监护人应积极协调，根据乙方的意愿选择按哪种方式妥善安置乙方，协助乙方转至其他养老院或送回乙方或监护人住所。

第十三条　合同期限

经协商，确定本合同期限为____年（月），从____年____月____日起至____年____月____日。

第十四条　合同期满的处理

1. 合同期满前30天，乙方可申请续订合同。

2. 如果乙方在合同期满前不提出续订合同的申请，乙方应于合同到期日搬出甲方，办理出院手续并结清所有费用。

3. 合同期满后乙方既不提出续订合同又不搬出甲方，则本合同变更为无固定期限的合同；甲乙双方及监护人仍按原合同约定内容履行。

若乙方或者监护人拒不按照原合同履行，甲方有权书面通知乙方、监护人解除合同，要求监护人将乙方从养老院接出。如果监护人在甲方发出解除合同通知后7日内仍不接出，按照本合同第十条规定的合同的解除程序（2）办理。

第十五条　通知

在本合同中所标明的甲方、乙方和监护人的地址和联系方式为各方各自有效的通信地址和联系方式。一方变更通信地址和联络方式时应及时通知其他各方当事人。

因一方变更通信地址未及时通知其他各方，导致未被通知的一方发出的文件无法送达，则视为文件已经送达。

一方发往另一方通信地址的挂号信、特快专递、电报，如果以地址不详或查无此人或收件人拒收的理由被退回，则视为该文件已经送达。

乙方入住甲方期间，有关本合同的履行事宜甲方应直接将书面通知交付乙方才视为通知或送达了乙方。

第十六条　纠纷的解决方式及管辖

因本合同引发的纠纷应尽量协商解决，协商解决不成的，由甲方所在地人民法院管辖。

第十七条　合同附件

1. 加盖甲方公章的甲方合法注册登记文件复印件。

2. 乙方、监护人（个人）身份证及户口本复印件，监护人是单位的提交加盖公章的监护人合法注册登记文件复印件。

3. 二级甲等以上医院出具的《体检报告》（体检时间在一个月以内）。

4. 乙方及其监护人签字的《健康状况陈述书》及《入住登记表》。

5. 甲方出具的，经乙方、监护人签字认可的《自理能力测评报告》。

6. 房间设备表。

7. 公共设施设备表。

8. 甲方服务范围表。

9. 甲方应根据《养老服务机构服务质量规范》，填写具体服务项目，如个人生活照料服务包括：协助洗脸、刷牙、理发等。

10. 乙方选择的服务项目。

11. 《养老服务机构服务质量规范》。

12. 甲方提供养老服务的各种服务项目的收费标准。

13. 甲乙双方及其监护人签字盖章的《补充协议》。

第十八条　生效

本合同一式三份，甲方、乙方、监护人各一份，具有同等法律效力，自各方签字或盖章后生效。

甲方（公章）：

法定代表人（签字）：

日期：

乙方（签字、盖章或者按手印）：

日期：

丙方：我已认真阅读本合同所有条款及附件，自愿在乙方无力支付入院费用时承担连带责任。

(签字或者盖章)

日期：

附件一略。

附件二略。

附件三略。

附件四略。

附件五略。

附件六略。

西安和平老年公寓

西安和平老年公寓占地总面积31亩，投资500多万元，按照国家老年公寓建筑规范设计建造。和平老年公寓位于和平村西秦阿房宫温泉度假区公园内的西南角，乘901路区间（到终点）、521路（到终点）、

西安和平老年公寓实景

西安和平老年公寓实景组图

720路、302路等公共汽车在秦阿房宫站下车即可到达。交通方便，环境幽雅，设施完善，是老人们生活、疗养的理想乐园。

公寓分为公寓区和别墅区。公寓区为两层“U”形楼房。别墅区为独院，一室一厅结构。总建筑面积4590平方米，绿化面积3600平方米。现有床位260张，计划床位500张。内设老人生活区，房间有彩电、空调、暖气、24小时地热温泉热水、直拨电话、自动呼叫系统、衣柜、床头柜等生活用具，样样俱全，卫生间坐便器、脸盆、装有安全扶手，整体按照无障碍设施规范设计。两边装有扶手的坡形楼梯，既有利于老人上下方便，又有利于老人安全，更有利于残疾老人康复训练。上下走廊采用铝合金门窗封闭，装有暖气，老人下雪冻不着，下雨淋不着。

多功能活动厅内有40余平方米的舞台，可容纳100余人同时活动，音响设施一应俱全。阅览室内拥有图书100余册，配有桌椅，以供老人读书、绘画等。洗浴室20多平方米，定期开放。

医务室配有氧气、常规检查及自动呼叫系统等医疗设备。院内设有健身广场，拥有骑马机、漫步机、扭腰器等健身器材10余种，喷泉内养有各种金鱼，长廊两侧种有花草树木，种类繁多。为使部分健康老人发挥余热，还开辟菜园，种有辣椒、茄子、黄瓜等多种蔬菜。敬老院整体呈现一片生机盎然的景象，成为老人生活的世外桃源。